普通高等职业教育计算机系列规划教材

数据库应用技术基础

（SQL Server 2017）

沈才樑　方　杰　主　编

周金平　斯樟意　副主编

U0226241

电子工业出版社

Publishing House of Electronics Industry

北京·BEIJING

内 容 简 介

本书以工作过程为导向，按项目开发流程详细介绍了 SQL Server 2017 的实用技术。内容包括：数据库导论、SQL Server 2017 综述、创建与管理数据库、创建与管理数据表、数据库查询、视图与索引、T-SQL、自定义函数和存储过程、触发器、SQL Server 2017 的安全机制和 SQL Server 2017 项目实训。

按照任务驱动的教学方法，用真实项目贯穿全书，并根据实际设计开发数据库的步骤，逐步完成项目。本书在最后一章安排了实训内容，将知识讲解、技能训练和实践操作有机结合。

本书可作为各类高等、高职高专院校和各类培训学校计算机及其相关专业的教材，同时可作为数据库初学者的入门教材，也适合使用 SQL Server 进行应用开发的人员学习参考。

图书在版编目（CIP）数据

数据库应用技术基础：SQL Server 2017 / 沈才樑，方杰主编. —北京：电子工业出版社，2019.11
普通高等职业教育计算机系列规划教材
ISBN 978-7-121-37005-2

Ⅰ. ①数…　Ⅱ. ①沈… ②方…　Ⅲ. ①关系数据库系统—高等职业教育—教材　Ⅳ. ①TP311.138

中国版本图书馆 CIP 数据核字（2019）第 131762 号

策划编辑：徐建军（xujj@phei.com.cn）
责任编辑：王凌燕
印　　刷：北京七彩京通数码快印有限公司
装　　订：北京七彩京通数码快印有限公司
出版发行：电子工业出版社
　　　　　北京市海淀区万寿路 173 信箱　邮编　100036
开　　本：787×1 092　1/16　印张：14.5　字数：399.5 千字
版　　次：2019 年 11 月第 1 版
印　　次：2021 年 5 月第 2 次印刷
定　　价：44.00 元

凡所购买电子工业出版社图书有缺损问题，请向购买书店调换。若书店售缺，请与本社发行部联系，联系及邮购电话：（010）88254888，88258888。

质量投诉请发邮件至 zlts@phei.com.cn，盗版侵权举报请发邮件至 dbqq@phei.com.cn。

本书咨询联系方式：（010）88254570。

前 言
Preface

SQL Server 2017 是 Microsoft 公司推出的 SQL Server 数据库管理系统，该版本继承了以前版本的优点，同时又增加了许多更先进的功能，具有使用方便、可伸缩性好和相关软件集成程度高等优点。SQL Server 2017 有许多新特性和关键改进，使它成为迄今最强大、最全面的 SQL Server 版本。此外，SQL Server 2017 增加了一些最新的数据服务和分析功能，包括强大的 AI 功能和 Python 的支持。

本书循序渐进地介绍了从入门到深入掌握 SQL Server 2017 所需的各个方面。

本书共分为 11 章，各章节介绍如下：

第 1 章数据库导论，介绍了数据库的基础知识，包括数据模型、关系数据库理论及常用数据库等。

第 2 章 SQL Server 2017 综述，介绍了 SQL Server 2017 各个版本及新功能、如何安装 SQL Server 2017 及常用管理工具等。

第 3 章创建与管理数据库，介绍了 SQL Server 2017 数据库的创建、配置和管理。

第 4 章创建与管理数据表，介绍了创建、设计和管理数据表的相关知识，包含数据类型、列属性和表数据完整性等。

第 5 章数据库查询，介绍了单表查询和多表连接查询的基本语法及在 SQL Server 2017 中的应用，重点介绍了 SELECT 语句的各种使用方法。

第 6 章视图与索引，介绍了 SQL Server 2017 中视图的基本概念和创建、维护的方法，此外还介绍了索引的原理及特点、如何使用索引等。

第 7 章 T-SQL，介绍了 T-SQL 的基本概念，并详细介绍了分支、循环等各类语句及内置函数在 SQL Server 2017 中的使用。

第 8 章自定义函数和存储过程，介绍了 SQL Server 2017 中函数的分类及自定义函数的创建和维护方法，以及存储过程如何定义、执行及修改等。

第 9 章触发器，介绍了触发器的概念、DML 触发器和 DDL 触发器等。

第 10 章 SQL Server 2017 的安全机制，主要介绍了 SQL Server 2017 的安全性机制，包括选择登录模式、创建角色、创建用户和权限分配等。

第 11 章 SQL Server 2017 项目实训，利用简单实例介绍了通过 JSP 访问 SQL Server 2017 数据库的方法，此外，还介绍了 Linux 下如何安装 SQL Server 2017 数据库、SQL Server 2017 中如何使用 Python 语言及 MSDN 社区使用等内容。

本书结合实际教学，增加了第 11 章的内容，方便在教学过程中选择使用。

本书详略得当，重点突出，理论与实践相结合，简明实用，是一本优秀的 SQL Server 2017 教材。

本书安排了丰富的例题，以实例形式演示 SQL Server 2017 中各部分内容。

本书提供了全部案例的源文件及教学电子课件，为读者的实际操作提供了完善的练习素材。

本书由浙江工业职业技术学院的沈才樑、方杰担任主编，由绍兴市金泽电子科技有限公司的周金平、绍兴兆联信息科技有限公司的斯樟意担任副主编，其中第 1 章和第 10 章由杨琼编写，第 2 章和第 6 章由陈令编写，第 3 章和第 4 章由陈建成编写，第 5 章和第 8 章由方杰编写，第 9 章由张春琴编写，第 11 章由方杰、杜艳明、毛劼共同编写完成。全书由沈才樑统稿。

为了方便教师教学，本书配有电子教学课件及程序源代码，请有此需要的教师登录华信教育资源网（www.hxedu.com.cn）免费注册后进行下载，如有问题可在网站留言板留言或与电子工业出版社联系（E-mail:hxedu@phei.com.cn）。

本书是编者总结多年教学经验，在项目开发基础上编写而成的，编者在探索教材建设方面做了许多努力，也对书稿进行了多次审校，但由于编写时间及水平有限，难免存在一些疏漏和不足，希望同行专家和读者能给予批评指正。

编　者

目 录
Contents

第1章

数据库导论

在计算机技术迅猛发展、互联网已经渗透到世界各个角落的今天，数据库技术始终处于中心地位。数据库技术主要研究如何存储、使用和管理数据，是计算机数据管理技术发展的新阶段，是计算机技术中发展最快、应用最广的技术之一。

当前，数据库技术已成为现代计算机信息系统和应用系统开发的核心技术，更是未来"信息高速公路"的支撑技术之一。数据库已成为计算机信息系统和应用系统的核心组成。全球顶级软件厂商在数据库领域进行了大量的深入研究，包括微软（SQL Server）、Oracle（Oracle+MySQL）、IBM（DB2）、SAP（Sybase+HANA）、Google（Spanner）、Facebook（RocksDB）、阿里巴巴（OceanBase）、Amazon（Aurora）等。数据库技术已从开始的网络/层次数据库到关系数据库，发展到面向对象数据库、分布式数据库、时序数据库，再到当今的 Nosql（KV 型数据库、文档型数据库、列式数据库、图数据库）与 NewSQL。

1.1 数据库概述

当今社会是一个信息化社会，信息是社会上各行各业的重要资源。数据是信息的载体，数据库是相互关联的数据的集合。数据库能利用计算机来保存和管理大量复杂的数据，快速而有效地为不同的用户和应用程序提供数据，帮助人们利用和管理数据资源，可以说数据库是计算机应用系统中一种专门管理数据资源的系统。

数据有多种形式，如文字、数码、符号、图形、图像及声音等，数据是所有计算机系统所要处理的对象。人们所熟知的一种处理办法是制作文件，即将处理过程编成程序文件，将所涉及的数据按程序要求组成数据文件，再用程序来调用，数据文件与程序文件保持着一定的关系。在计算机应用技术迅速发展的情况下，这种文件式管理方法逐渐显现出不足。例如，它使得数据通用性差、不便于移植、在不同文件中存储大量重复信息、浪费存储空间、更新不便等。而数据库系统能解决上述问题。数据库系统不是从具体的应用程序出发，而是立足于数据本身的管理，将所有数据保存在数据库中进行科学的组织。借助数据库管理系统，各种应用程序或应用系统能方便地使用数据库中的数据。

百度百科将数据库（Database）定义为"按照数据结构来组织、存储和管理数据的建立在计算机存储设备上的仓库"，是长期储存在计算机内、有组织、可共享的数据集合。它不仅包括数据本身，而且包括相关数据之间的联系。数据库中的数据以一定的数据模型组织、描述和储存在一起，具有尽可能小的冗余度、较高的数据独立性和易扩展性等特点，并可在一定范围内为多个用户所共享。

简单地说，数据库就是一组经过计算机整理后的数据，存储在一个或多个文件中，而管理这个数据库的软件就称为数据库管理系统。

1.1.1 计算机数据管理的发展阶段

随着电子计算机软件和硬件技术的发展，数据处理过程发生了划时代的变革。数据库技术的发展又使数据处理跨入了一个崭新的阶段。数据处理技术的发展大致经历了以下三个阶段。

1. 人工管理阶段

人工管理阶段大约在 20 世纪 50 年代中期以前，这一阶段计算机主要用于科学计算，由于没有必要的软件（没有操作系统和管理数据的软件）、硬件环境的支持，用户只能直接在裸机上操作。用户的应用程序中不仅要设计数据处理方法，还要阐明数据在存储器上的存储方式和地址，此时的数据包含在程序中，如图 1-1 所示。

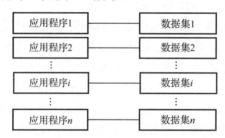

图 1-1 人工管理阶段数据与程序之间的关系

该阶段数据处理的特点：

（1）数据不保存在计算机中。

（2）数据面向程序，数据不能独立，数据和程序结合为一个不可分割的整体。程序依赖于数据，如果数据的类型、格式、输入/输出方式等逻辑结构或物理结构发生变化，必须对应用程序做出相应的修改。

（3）程序员必须对每个应用程序都实现数据的存储结构、存取方法、输入方式等，程序员编写应用程序时还要安排数据的物理存储，因此程序员负担很重。

（4）数据不共享，数据是面向应用的，不同应用的数据之间是相对独立、彼此无关的，即使两个不同应用涉及相同的数据，也必须各自定义。数据不仅高度冗余，而且不能共享。

2. 文件系统阶段

在文件系统阶段，计算机不仅用于科学计算（数据单一），还大量用于信息管理。大量的数据存储、检索和维护成为紧迫需求，出现了磁鼓、磁盘等直接存取数据的存储设备。软件系统中有了初级的操作系统，操作系统中有了专门管理数据的软件，一般称为文件管理系统。文件管理系统是一个独立的系统软件，是应用程序与数据文件之间的一个接口。文件管理系统把有关的数据组织成一种文件，这种数据文件可以脱离程序而独立存在。在这一管理方式下，应用程序通过文件管理系统对数据文件中的数据进行加工处理。应用程序的数据具有一定的独立性，也比手工管理方式前进了一步，如图1-2所示。

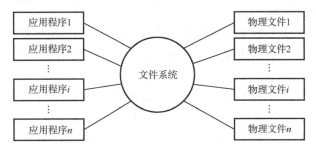

图1-2　文件系统阶段数据与程序的关系

该阶段数据处理的特点：

（1）数据以文件的形式长期保存，数据可以长期保存在计算机中反复使用。对文件可进行检索、修改、插入、删除等操作。

（2）程序与数据间有一定的独立性，在存储上，数据文件可以脱离应用程序而独立存在，但逻辑上仅供该应用程序使用，即程序和数据间由软件提供的存取方法进行转换，数据存储发生变化不一定影响程序的运行。

（3）文件形式多样化。为了方便数据的存储和查找，人们研究了许多文件类型，有顺序文件、倒排文件、索引文件等。

（4）数据冗余量大，数据文件仍高度依赖于其对应的程序，不能被多个程序所通用。由于数据文件之间不能建立任何联系，因而数据的通用性仍然较差，冗余量大。

3. 数据库系统阶段

20世纪60年代后期，计算机应用于管理的规模更加庞大，数据量急剧增加；计算机性能得到提高，更重要的是出现了大容量磁盘，存储容量大大增加且价格下降。在此基础上，有可能克服文件系统管理数据的不足，满足和解决实际应用中多个用户、多个应用程序共享数据的要求，使数据能为尽可能多的应用程序服务，从而出现了数据库。数据库的特点是数据不再只针对某一特定应用，而是面向全组织，具有整体的结构性，共享性高，因此冗余度小，具有一定的程序与数据间的独立性，并且实现了对数据进行统一的控制，如图1-3所示。

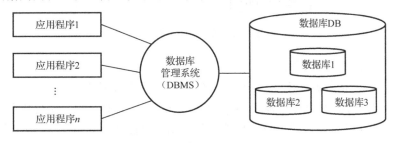

图1-3　数据库系统阶段应用程序与数据之间的关系

该阶段数据处理的特点：

（1）数据共享是数据库系统区别于文件系统的最大特点之一，也是数据库系统技术先进性的重要体现。共享是指多用户、多种应用程序、多种语言互相覆盖地共享数据集合。

（2）面向全组织的数据结构化。数据库系统不再像文件系统那样从属于特定的应用，而是面向整个组织来组织数据，常常是按照某种数据模型，将整个组织的全部数据组织成为一个结构化的数据整体。它不仅描述了数据本身的特性，也描述了数据与数据之间的种种联系，使数据库能够描述复杂的数据结构。

（3）数据独立性。数据库技术的重要特征就是数据独立于应用程序而存在，数据与程序相互独立、互不依赖，不因一方的改变而改变另一方，从而大大简化了应用程序的设计与维护的工作量。

（4）可控数据冗余度。数据共享、结构化和数据独立性的优点使数据存储不必重复，不仅可以节省存储空间，而且从根本上保证了数据的一致性，这是有别于文件系统的重要特征。

（5）统一数据控制功能。数据库是系统中各用户的共享资源，因而计算机的共享一般是并发的，即多个用户同时使用数据库。因此，系统必须提供数据安全性控制、数据完整性控制、并发控制和数据恢复等功能。

1.1.2　数据库系统

数据库系统是由数据库及其管理软件组成的系统，是指在计算机系统中引入数据库后的系统，其构成部分主要有数据库、操作系统、数据库管理系统、应用开发工具、应用系统、数据库管理员和用户几部分。其中，数据库的建立、使用和维护的过程要由专门的人员来完成，这些人被称为数据库管理员（DataBase Administrator，DBA）。数据库系统结构如图1-4所示。

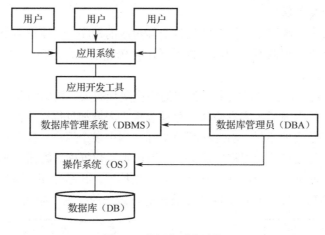

图1-4　数据库系统结构

1. 数据库（DataBase，DB）

数据库（DB）是指数据库系统中集中存储的相互关联的数据集合。

它可以供用户共享，具有尽可能小的冗余度和较高的数据独立性，使得数据存储最优，数据最容易操作，并且具有完善的自我保护能力和数据恢复能力。

为了与输入、输出或中间数据加以区别，常把数据库数据称为"存储数据"、"工作数据"或"操作数据"。它们是某特定应用环境中进行管理和决策所必需的信息。

2. 用户（Users）

数据库系统中存在一组使用数据库的用户，即指存储、维护和检索数据的各类请求。主要有三类用户：终端用户、应用程序员和数据库管理员。

（1）终端用户也称最终用户、联机用户，是指从计算机联机终端存取数据库的人员。该用户使用数据库系统提供的终端命令语言、表格语言或菜单驱动等交互式对话方式来存取数据库中的数据。终端用户一般是不精通计算机和程序设计的各级管理人员、工程技术人员或各类科研人员。

（2）应用程序员也称为系统开发员，是指负责设计和编制应用程序的人员。该用户通常使用 VFP、PB 或 Oracle 等数据库语言设计和编写使用及维护数据库的应用程序来存取和维护数据库。

（3）数据库管理员（DBA），是指全面负责数据库系统的管理、维护和正常使用的人员。它可以是一个人或一组人。特别是对于大型数据库系统，数据库管理员极为重要，常设置有数据库管理员办公室，应用程序员是数据库管理员手下的工作人员。担任数据库管理员，不仅要具有较高的技术专长，还要具备较深的资历，并具有了解和阐明管理要求的能力。

数据库管理员的主要职责有：参与数据库设计的全过程，与用户、应用程序员、系统分析员紧密结合，设计数据库的结构和内容；决定数据库的存储与存取策略，使数据的存储空间利用率和存取效率均较优；定义数据的安全性和完整性；监督和控制数据库的使用和运行，及时处理运行程序中出现的问题；改进和重新构造数据库系统；等等。

3. 软件

软件是指负责数据库存取、维护和管理的软件系统，通常叫作数据库管理系统（Data Base Management System，DBMS）。数据库系统中各类用户对数据库的各种操作请求都是由 DBMS 来完成的，它是数据库系统的核心软件。DBMS 提供一种硬件层之上的对数据库的观察功能，并支持用较高层次的观点来表达用户的操作，使数据库用户不受硬件层细节的影响。DBMS 是在操作系统（OS）的支持下工作的。

4. 硬件

硬件是指存储数据库和运行数据库管理系统（包括操作系统）的硬件资源。它包括物理存储数据库的磁盘、磁鼓、磁带或其他外存储器及其附属设备、控制器、I/O 通道、内存、CPU 及其他外部设备等。

DBMS 在整个计算机层次结构中的地位如图 1-5 所示。

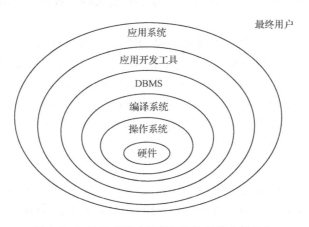

图 1-5　DBMS 在整个计算机层次结构中的地位

1.1.3 数据库管理系统

数据库管理系统（Database Management System，DBMS）是数据库系统的核心组成部分，是一种操纵和管理数据库的软件，用于建立、使用和维护数据库。用户通过 DBMS 访问数据库中的数据，数据库管理员也通过 DBMS 进行数据库的维护工作。用户在数据库系统中的一些操作，如数据定义、数据操作、数据库的运行管理及数据控制等都是通过数据库管理系统来实现的，如图 1-6 所示。

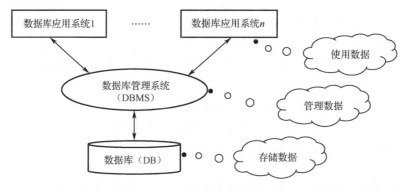

图 1-6 数据库管理系统

1．DBMS 的主要功能

DBMS 就是实现把用户意义下的抽象的逻辑数据处理通过三级模式转换成计算机中的具体的物理数据处理的软件，给用户带来很大的方便。

DBMS 是由许多"系统程序"所组成的一个集合。每个程序都有自己的功能，共同完成 DBMS 的一件或几件工作。

通常，DBMS 的主要功能包括以下 5 个方面。

（1）数据库定义。DBMS 提供相应的数据定义语言来定义数据库结构，刻画数据库的框架，并保存在数据字典中。数据字典是 DBMS 存取和管理数据的基本依据。

（2）数据存取。DBMS 提供数据操作语言来实现对数据库数据的基本存取操作：检索、插入、修改和删除。

（3）数据库运行管理。DBMS 提供数据控制功能，即数据的安全性、完整性和并发控制等，对数据库运行进行有效的控制和管理，以确保数据库数据正确有效和数据库系统的有效运行。

（4）数据库的建立和维护。其包括数据库初始数据的装入，数据库的转储、恢复、重组织，系统性能监视、分析等功能。这些功能大都由 DBMS 的实用程序来完成。

（5）数据通信。DBMS 提供处理数据的传输功能，实现用户程序与 DBMS 之间的通信。其通常与操作系统协作完成。

2．DBMS 的组成

DBMS 大多是由许多"系统程序"组成的一个集合。每个程序都有自己的功能，一个或几个程序一起完成 DBMS 的一件或几件工作。各种 DBMS 的组成因系统而异，一般说来，它由以下几个部分组成。

（1）语言编译处理程序，主要包括：数据描述语言翻译程序、数据操作语言处理程序、终端命令解释程序、数据库控制命令解释程序等。

（2）系统运行控制程序，主要包括：系统总控程序、存取控制程序、并发控制程序、完整性控制程序、保密性控制程序、数据存取和更新程序、通信控制程序等。

（3）系统建立、维护程序，主要包括：数据装入程序、数据库重组织程序、数据库系统恢复程序、性能监督程序等。

（4）数据字典。数据字典通常是一系列表，它存储着数据库中有关信息的当前描述。它能帮助用户、数据库管理员和数据库管理系统本身使用和管理数据库。

1.1.4 数据库系统结构

数据库系统有着严谨的体系结构。虽然各个厂家、各个用户使用的数据库管理系统产品类型和规模可能相差很大，但它们在体系结构上通常都具有相同的特征，即采用三级模式结构，并提供两种映像功能。

1. 数据库系统的三级模式

从数据库管理角度看，数据库系统通常采用三级模式结构，这是数据库系统内部的结构；从数据库最终用户角度看，数据库系统的结构分为集中式结构、分布式结构、客户/服务器结构，这是数据库系统外部的结构。

数据库系统的三级模式结构是指数据库系统由外模式、概念模式、内模式构成，如图1-7所示。

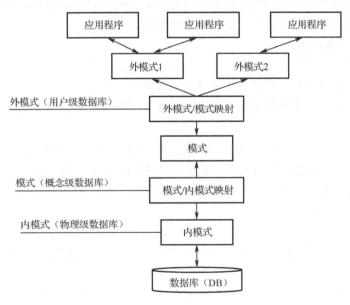

图1-7 数据库系统的三级模式结构

1）内模式

内模式也称为存储模式，一个数据库只有一个内模式，它是整个数据库的底层表示。内模式是数据物理结构和存储方式的描述，是数据在数据内部的表示方式。

内模式定义的是存储记录的类型、存储记录的物理顺序、索引和存储路径等数据的存储组织。DBMS提供了内模式描述语言来严格定义内模式。

2）模式

模式也称为逻辑模式或概念模式，是数据库全体数据的逻辑结构和特性的描述，是所有用户的公共数据视图。它仅仅涉及型的描述，不涉及具体的值。模式的一个具体值称为一个实例，同一个模式可以有很多实例。模式是相对稳定的，而实例是相对变动的，因为数据库中的数据是在不断更新的。模式反映的是数据的结构及其联系，而实例反映的是数据库某一时刻的状态。它是数据库模式结构的中间层，既不涉及数据的物理存储细节和硬件环境，也与具体的应用程序、所使用的应用开发工具及高级程序设计语言无关。

模式实际上是数据库在逻辑上的视图，一个数据库只有一个模式。定义模式时，不仅要定义数据的逻辑结构还要定义数据记录由哪些数据项组成，以及数据项的名字、类型、取值范围等，而且要定义数据之间的联系，定义与数据有关的安全性、完整性要求。

3）外模式

外模式也称为子模式或用户模式，它是数据库用户（包括应用程序员和最终用户）能够看见和使用的局部数据的逻辑结构和特征的描述，是数据库用户的数据视图，是与某一应用有关的数据的逻辑表示。

外模式一般是模式的子集。一个数据库可以有多个外模式。这样，不同的用户通过不同的外模式实现各自的数据视图，也能达到共享数据的目的。同一外模式可以被一个用户的多个应用程序所使用，但一个应用程序只能使用一个外模式。

外模式是保证数据库安全性的一个有力措施。每个用户只能看见和访问所对应的外模式中的数据，数据库的其余数据对该用户而言是不可见的。

2. 数据库的两级映射

数据库系统的三级模式是对数据的三个抽象级别，它把数据的具体组织留给 DBMS 管理，使用户能逻辑地、抽象地处理数据，而不必关心数据在计算机中的具体表示方式与存储方式。为了能够在内部实现这三个抽象层次的联系和转换，DBMS 在三级模式之间提供了两层映射。

1）外模式/模式映射

对应于同一个模式可以有任意多个外模式。它定义了某一个外模式和模式之间的对应关系，这些映射定义通常包含在各自的外模式中，当模式改变时，该映射要做相应的改变，以保证外模式保持不变，实现了数据与程序的逻辑独立性。

2）模式/内模式映射

它定义了数据逻辑结构和存储结构之间的对应关系，说明了逻辑记录和字段在内部是如何表示的。当数据库的存储结构改变时，可相应地修改该映射，从而使模式保持不变，保证了数据与程序的物理独立性。

正是这两层映射保证了数据库系统中的数据具有较高的逻辑独立性和物理独立性。

1.2 概念模型和数据模型

由于计算机不能直接处理现实世界中的具体事物，所以人们必须将具体事物转换成计算机能够处理的数据。在数据库中用数据模型来抽象、表示和处理现实世界中的数据。数据模型是描述数据、数据之间联系的结构模式。数据模型是数据库系统中用于提供信息表示和操作手段的形式构架。不同的数据模型提供了模型化数据和信息的不同工具，根据模型应用的不同目的，可以将模型分为两类或两个层次：一个是概念模型（也称信息模型）；另一个是数据模型（层次模型、网状模型和关系模型）。前者按用户的观点对数据和信息建模，后者按计算机系统的观点对数据建模。

1.2.1 概念模型

数据库即是模拟现实世界中某应用环境（一个企业、单位或部门）所涉及的数据的集合，它不仅要反映数据本身的内容，而且要反映数据之间的联系。这个集合或者包含了信息的一部分（用用户视图模拟），或者包含了信息的全部（用概念视图模拟），而这种模拟是通过数据模型来实现的。

为了把现实世界中的具体事物抽象、组织为某一 DBMS 支持的数据模型，在实际的数据处理过程中：

（1）首先将现实世界的事物及联系抽象成信息世界的概念模型（信息模型）。

（2）然后抽象成计算机世界的数据模型。

概念模型并不依赖于具体的计算机系统，不是某一个 DBMS 所支持的数据模型，它是计算机内部数据的抽象表示，是概念模型；概念模型经过抽象，转换成计算机上某一 DBMS 支持的数据模型，概念模型的建立为现实世界过渡到计算机世界奠定了基础。

在数据处理中，数据加工经历了现实世界、信息世界和计算机世界三个不同的世界，经历了两级抽象和转换，如图 1-8 所示。

所以说，数据模型是现实世界的两级抽象的结果。

现实世界是存在于人们头脑之外的客观世界，现实世界中的事物及其相互间的联系反映到人们头脑中来，经过人们头脑的认识、选择、命名、分类等抽象工作之后，形成一些基本概念与关系，构成信息世界。信息世界是现实世界在人们头脑中的反映和抽象，它介于现实世界与计算机世界之间，起着承上启下的作用。现实世界的事物在信息世界中被抽象为"实体（Entity）"。

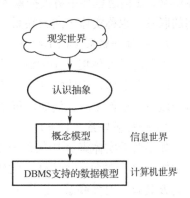

图 1-8 数据处理的抽象和转换过程

在信息世界中，常用的主要概念如下。

1. 实体（Entity）

实体：客观存在并且可以相互区别的"事物"称为实体。

实体可以是可触及的对象，如一名学生、一本书、一辆汽车；也可以是抽象的事件，如一堂课、一场比赛等。

2. 实体集（Entity Set）

实体集：不同值的同类型实体的集合称为实体集。

例如，所有的学生、所有的比赛等。

3. 属性（Attributes）

属性：实体的某一特性称为属性。一个实体可用若干个属性来刻画。也可以说，若干个属性值所组成的集合可表征一个实体（个体）。

例如，学生实体有学号、姓名、年龄、性别、系等方面的属性。

对于一个对象，它究竟具有哪些属性？这完全取决于考虑问题的角度。

例如，一个人，在人口统计中，关心他的姓名、年龄、性别、文化程度等属性；而在工资处理中，关心他的工资、奖金、水电费、房租等属性。

4. 实体和属性的型与值

1）属性的型与值

属性有"型"和"值"之分。

属性的型为属性名，如学号、姓名、年龄、性别、系是属性的型。

属性的值为属性的具体内容，如 990001、张立、20、男、计算机，这些属性值的集合表示了一个学生的实体值。

2）实体的型与值

实体的型（Entity Type）：若干个属性型组成的集合可以表示一个实体的型，简称实体型。

例如，学生（学号，姓名，年龄，性别，系）就是一个实体型。

实体的值：不同的实体有不同的属性内容（即属性值），如（990001，张立，20，男，计算机），这些属性值的集合表示了一个学生的实体值。

5. 联系（Relationship）

在现实世界中，事物内部及事物之间是有联系的，这些联系同样也要抽象和反映到信息世界中来，在信息世界中将被抽象为实体型内部之间的联系（即属性间的联系）和各种实体型之间的联系（也称实体之间的联系）。

1）一对一联系（1:1）

如果对于实体集 A 中的每一个实体，实体集 B 中至多有一个与之相对应；反之，实体集 B 中的每一个实体，实体集 A 中也至多有一个实体与之对应，则称实体集 A 与实体集 B 具有一对一联系，记作 1:1。例如，每个班级只有一个班长，班长和班级之间是一对一联系。

2）一对多联系（1:n）

如果对于实体集 A 中的每一个实体，实体集 B 中有 n 个实体与之相对应；反之，如果对于实体集 B 中的每一个实体，实体集 A 中最多只有一个实体与之相对应，则称实体集 A 与实体集 B 具有一对多联系，记作 1:n。例如，每个学生只能属于一个班级，每个班级可以有多名学生，班级和该班级中的学生之间是一对多联系。

3）多对多联系（m:n）

如果对于实体集 A 中的每一个实体，实体集 B 中有 n（$n \geq 0$）个实体与之相对应；反之，如果对于实体集 B 中的每一个实体，实体集 A 也有 m（$m \geq 0$）个实体与之相对应，则称实体集 A 与实体集 B 具有多对多的联系，记作 m:n。例如，每个教师可以上多门课程，每门课程又可以被多名教师授课，课程与教师之间是多对多联系。

两个实体型之间的三类联系如图 1-9 所示。

建立概念模型，就是用模型表示实体型及实体间的联系，概念模型的表示方法很多，其中最著名、最常用的是 P. P. S. Chen 于 1976 年提出的实体—联系方法（Entity-Relationship Approach）。该方法用 E-R 图描述现实世界的概念模型。

E-R 图中的 E 是英文单词 Entity 的缩写，表示实体的意思。这里所说的实体可以理解为现实世界中的事物，如高等院校中的院系、教师等。E-R 图中的 R 是英文单词 Relationship 的缩写，表示关系的意思。这里所说的关系可以理解为实体与实体之间的相互联系，如高等院校中院系与教师之间的相互联系。在 E-R 图中还涉及的一个概念是属性，它用来描述实体的特征。

例如，高等院校中院系的编号、名称；教师的姓名、编号、工资、所在院系等。

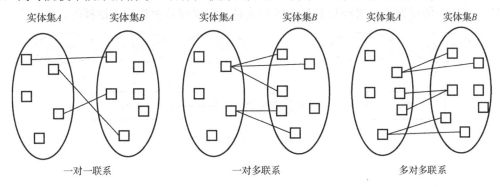

图 1-9　两个实体型之间的三类联系

在 E-R 图中共有三种符号：矩形、椭圆形（或者圆形）和菱形。其中，矩形表示实体，椭圆形或圆形表示属性，菱形表示关系。下面来看一下如何使用 E-R 图描述上面讲到的三种联系。

一对一联系（1:1）：在高等院校中，校长和学校的关系就是一对一联系。每一个学校只有一名校长，一名校长只能管理一个学校。

图 1-10 描述了学校和校长的一对一联系。其中，矩形中的学校和校长表示实体；椭圆形中的学校编号、学校名称表示实体学校的属性，校长姓名、校长年龄、校长性别表示实体校长的属性；菱形中的管理表示学校和校长之间的关系，即学校是由校长来管理的。

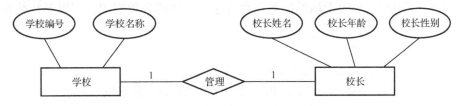

图 1-10　学校和校长的一对一联系

一对多联系（1:n）：在高等院校中，院系和学生之间就是一对多联系。一个院系可以对应多个学生，而每一个学生只是其中某一个院系中的成员。

图 1-11 描述了学生和院系的一对多联系。其中，矩形中的院系和学生表示实体；椭圆形中的院系编号、院系名称表示实体院系的属性，学生编号、学生姓名、学生年龄表示实体学生的属性；菱形中的属于表示院系和学生之间的关系，即学生是属于某一个院系的。

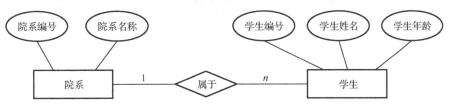

图 1-11　学生和院系的一对多联系

多对多联系（n:m）：在高等院校中，课程与授课教师之间就是多对多联系。一门课程可以由几个不同的教师来讲授，一名教师也可以讲授多门不同的课程。

图 1-12 描述了教师和课程的多对多联系。其中，矩形中的课程和教师表示实体；椭圆形

中的课程编号、课程名称表示实体课程的属性，教师编号、教师姓名、教师职称表示实体教师的属性；菱形中的授课表示课程和教师之间的关系，即课程是由教师来讲授的。

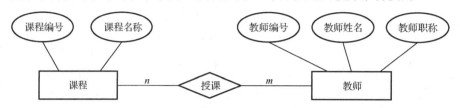

图 1-12　教师和课程的多对多关系

1.2.2　数据模型

数据世界也称计算机世界，它是现实世界中的客观事物及其联系经过信息抽象而在计算机中的表现形式。信息世界中的"实体"经过加工、编码抽象为计算机世界中的数据，存储在计算机中，即信息数据化。

在计算机世界中，概念模型被抽象为数据模型。数据模型是概念模型的数据化，实体型内部的联系抽象为同一记录内部各字段间的联系，实体型之间的联系抽象为记录与记录之间的联系。

在计算机世界中，常用的主要概念如下：

（1）字段（Field）。对应于属性的数据称为字段，也称为数据项。字段名往往和属性名相同。

例如，学生有学号、姓名、年龄、性别、系等字段。

（2）记录（Record）。对应于每个实体的数据称为记录。

例如，一个学生（990001，张立，20，男，计算机）为一条记录。

（3）文件（File）。对应于实体集的数据称为文件。

例如，所有学生的记录组成了一个学生文件。

现实世界是设计数据库的出发点，也是使用数据库的最终归宿。实体（概念）模型和数据模型是现实世界事物及其联系的两级抽象，如图 1-13 所示。而数据模型是实现数据库系统的根据。

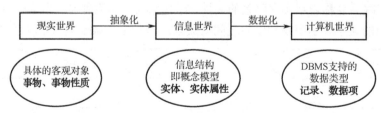

图 1-13　3 个世界的联系

概念模型是对信息世界的模型表示，而数据模型是对计算机世界的模型表示。在数据库中是用数据模型对现实世界进行抽象的，现有的数据库系统均是基于某种数据模型的。数据模型的好坏直接影响数据库的性能，数据模型的设计方法决定着数据库的设计方法。

数据库中最常见的数据模型有 3 种：层次模型（Hierarchical Model）、网状模型（Network Model）和关系模型（Relational Model）。

这 3 种数据模型的根本区别在于数据结构不同，即数据之间联系的表示方式不同。

（1）层次模型用"树结构"来表示数据之间的联系。

（2）网状模型用"图结构"来表示数据之间的联系。

（3）关系模型用"二维表"来表示数据之间的联系。

1. 层次模型

层次模型是数据库系统中最早出现的数据模型，采用层次模型的数据库的典型代表是 IBM 公司的数据库管理系统（Information Management System，IMS）。在现实世界中，许多实体之间的联系都表现出一种很自然的层次关系，如家族关系、行政机构等。

层次模型具有如下特征：

（1）有且仅有一个结点无父（双亲）结点，这个结点称为根结点。

（2）其他结点有且仅有一个父结点。

任何一个给定的记录值只有按其路径查看时，才能显出它的全部意义，没有一个子女记录值能够脱离双亲记录值而独立存在。

在层次模型中，结点层次从根开始定义，根为第一层，根的子结点为第二层，根为其子结点的父结点，同一父结点的子结点称为兄弟结点，没有子结点的结点称为叶结点。

在图 1-14 所示的抽象层次模型中，R1 为根结点；R2 和 R3 为兄弟结点，并且是 R1 的子结点；R4 和 R5 为兄弟结点，并且是 R2 的子结点；R3、R4 和 R5 为叶结点。其中，每个结点代表一个实体型，各实体型由上而下是 $1:n$ 联系。

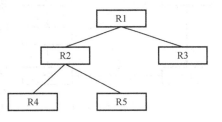

图 1-14 抽象层次模型

在树中，每个结点表示一个记录类型（实体型），结点间的连线表示记录类型间的关系，每个记录类型可包含若干字段，记录类型描述的是实体，字段描述实体的属性，各个记录类型及其字段都必须命名。

如果要存取某一记录类型的记录，可以从根结点起，按照有向树层次向下查找。

例如，下面是一个层次模型的例子，如图 1-15 所示。

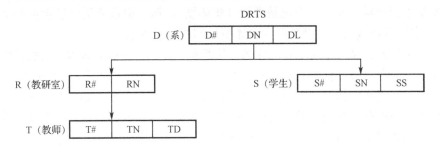

图 1-15 DRTS 数据库层次模型

层次数据库为 DRTS，它具有 4 个记录类型（实体型），分别如下：

（1）实体型 D（系）是根结点，由字段 D#（系编号）、DN（系名）、DL（系地点）组成，它有两个子结点：R 和 S。

（2）实体型 R（教研室）是 D 的子结点，同时又是 T 的父结点，由 R#（教研室编号）、RN（教研室名）两个字段组成。

（3）实体型 S（学生）由 S#（学号）、SN（姓名）、SS（成绩）3 个字段组成。

（4）实体型 T（教师）由 T#（职工号）、TN（姓名）、TD（研究方向）3 个字段组成。

S 与 T 是叶结点，它们没有子结点，由 D 到 R，R 到 T，由 D 到 S 均是一对多联系。

对应上述数据模型的一个值：该值是 D002 系（计算机系）记录值及其所有后代记录值组成的一棵树，D002 系有 3 个教研室子记录值（R001、R002、R003）和 3 个学生记录值（S63871、S63874、S63876），教研室 R001 有 3 个教师记录值（T2101、T17090、T3501）。

层次模型结构清晰，各结点之间联系简单，只要知道每个结点（除根结点以外）的双亲结点，就可知道整个模型结构，因此，画层次模型时可用无向边代替有向边。用层次模型模拟现实世界的层次结构的事物及其之间的联系是很自然的选择方式，如表示"行政层次结构""家族关系"等。但层次模型的缺点是不能表示两个以上实体型之间的复杂联系和实体型之间的多对多联系。

2. 网状模型

在现实世界中，事物之间的联系更多地是非层次关系的。用层次模型表示非树形结构是很不直接的，网状模型则可以克服这一弊病，是用网络结构表示实体类型及其实体之间联系的模型。网状模型的典型代表是 DBTG（Data Base Task Group）系统，也称 CODASYL（Conference On Data Systems Language）系统。如图 1-16 所示为网状模型。

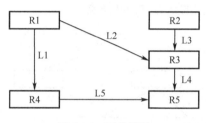

图 1-16　网状模型

在图 1-16 中，R1 与 R4 之间的联系被命名为 L1，R1 与 R3 之间的联系被命名为 L2，R2 与 R3 之间的联系被命名为 L3，R3 与 R5 之间的联系被命名为 L4，R4 与 R5 之间的联系被命名为 L5。R1 为 R3 和 R4 的父结点；R2 也是 R3 的父结点；R1 和 R2 没有父结点；R5 为 R3 和 R4 的子结点。

若用图来表示，网状模型是一个网络。在数据库中，满足以下两个条件的数据模型称为网状模型。

（1）允许一个以上的结点无父结点。

（2）至少有一个结点有多于一个的父结点。

网状模型中每个结点表示一个记录类型（实体型），每个记录类型可包含若干字段（实体的属性），结点间的连线表示记录类型（实体型）间的父子关系。

网状模型和层次模型在本质上是一样的。从逻辑上看，它们都是基本层次联系的集合，用结点表示实体，用有向边（箭头）表示实体间的联系；从物理结构上看，它们的每一个结点都是一个存储记录，用连接指针来实现记录之间的联系。当存储数据时这些指针就固定下来了，检索数据时必须考虑存取路径问题；更新数据时，涉及连接指针的调整，缺乏灵活性；系统扩充相当麻烦。网状模型中的指针更多，纵横交错，从而使数据结构更加复杂。

3. 关系模型

关系模型是数据库领域中最重要的一种数据模型。自 20 世纪 80 年代以来，计算机厂商推出的 DBMS 几乎都支持关系模型。非关系模型数据库系统产品也大都加上了关系接口。目前的数据库领域的研究工作也都是以关系方法为基础的。

关系模型要求关系必须是规范化的，即要求关系必须满足一定的规范条件。其中最基本的一条是：关系的每一个分量必须是一个不可分的数据项，即不允许表中还有表。

在关系模型中，实体和实体间的联系都是用关系来表示的。例如，学生、课程、学生与课程之间的多对多联系在关系模型中可以表示如下：

　　学生（学号，姓名，性别，年龄，系，年级）；

　　课程（课程号，课程名，学分）；

　　选修（学号，课程号，成绩）。

　　关系模型与非关系模型不同，它是建立在严格的数学概念的基础上的。为了便于理解，这里主要讨论按照用户观点所应了解的关系模型。在用户看来，关系模型中数据结构就是一张二维表（如表 1-1、表 1-2 所示）。

表 1-1　学生登记表

学　　号	姓　　名	性　　别	年　　龄	系　　号	年　　级
950104	王小明	女	19	01	95
950206	黄大鹏	男	20	02	95
950508	张文斌	女	18	05	95
……	……	……	……	……	……

表 1-2　系信息表

系　　号	系　　名	办 公 室	主　　任	电　　话
01	计算机	教 209	张立	5585021
02	物理	教 501	李可	2334102
……	……	……	……	……
05	地质工程	教 301	陈鹏	5585206

　　表 1-1、表 1-2 是一张学生登记表和一张系信息表，它们由行和列组成。以上面两表为例，介绍关系模型中的一些术语如下。

　　（1）关系（Relation）：一个关系对应通常所说的一张二维表。

　　（2）元组（Tuple）：表中的一行即为一个元组。

　　（3）属性（Attribute）：表中的一列即为一个属性，给每一个属性起一个名称即属性名。表 1-1 有 6 列，对应 6 个属性（学号、姓名、性别、年龄、系号和年级）。

　　（4）域（Domain）：属性的取值范围，所以又称"值域"。

　　（5）分量：元组中的一个属性值。

　　（6）关系模式：对关系的描述，一般表示为：关系名（属性 1，属性 2，…，属性 n）。

　　（7）关键字或码（Key）：表中用来唯一确定（标识）一个元组的某个属性或属性组合，如表中学号。关键字必须唯一，但它的唯一性不是只对关系的当前元组构成来确定的，还要考虑元组构成的将来可能性，如表中姓名。一个关系中，关键字的值不能为空，即关键字的值为空的元组在关系中是不允许的。

　　① 候选关键字（Candidate Key）或候选码：如果一个关系中存在多个属性或属性组合都能用来唯一标识该关系的元组，则这些属性或属性组合都称为该关系的候选关键字或候选码。

　　② 主关键字（Primary Key）或主码：在一个关系的若干候选关键字中，指定作为关键字的属性或属性组合称为该关系的主关键字或主码。

　　③ 非主属性（Non Primary Attribute）或非码属性：关系中不组成码的属性均为非主属性

或非码属性。

④ 外部关键字（Foreign Key）或外键：当关系中某个属性或属性组合虽不是该关系的关键字或只是关键字的一部分，却是另外一个关系的关键字时，称该属性或属性组合为这个关系的外部关键字或外键。

⑤ 主表与从表：指以外键相关联的两个表；以外键作为主键的表称为主表，外键所在的表称为从表。

1）关系模型的操作

（1）操作：查询、插入、删除、修改。

前一种为检索，后三种为更新，关系模型数据操作的特点如下：

① 集合操作，操作对象和操作结果都是关系，即若干元组的集合。

② 存取路径对用户隐蔽，用户只要指出："干什么"或"找什么"，不必考虑"怎么找（干）"。

③ 存取路径由 RDBMS 自动选择，方便了用户，提高了数据的独立性。

（2）关系数据操作的理论标准为关系代数或关系演算。其中，关系演算又分为元组关系演算和域关系演算两种。关系代数、元组关系演算和域关系演算 3 种抽象语言在表达能力上是完全等价的。

（3）介于关系代数和关系演算之间的实用的代表性的关系操作语言是 SQL（Structured Query Language）。

2）完整性约束条件

完整性包括实体完整性、参照完整性、用户定义的完整性。

（1）实体完整性（Entity Integrity）。若属性 A 是基本关系 R 的一个主属性，则任何元组在 A 上的分量都不能为空。

实体完整性规定：主码的任何属性都不能为空。这是因为：

① 一个基本关系通常对应概念模型中的一个实体集或联系。

② 概念模型中的实体及联系都是可区分的，它们有某种唯一性标识，称为"码"。

③ 主码不能取空值。若取空值，则表明存在一个不以"码"为唯一性标识的实体。

（2）参照完整性（Referential Integrity）。若属性组 A 是基本关系 R1 的外码，它与基本关系 R2 主码 K 相对应，则 R1 中每个元组在 A 上的值必须为以下两种情况之一：

① 等于 R2 中某元组的主码值。

② 取空值（A 的每个属性值都是空值）。

例如，职工关系（职工编号，姓名，性别，年龄，身份证号码，部门编号）；部门关系（部门编号，部门名称，部门经理）。

参照完整性是对关系间引用数据的一种限制。

（3）用户定义的完整性。用户定义的完整性约束条件是某一具体数据库的约束条件，是用户自己定义的某一具体数据必须满足的语义要求。关系模型的 DBMS 应提供给用户定义它的手段和自动检验它的机制，以确保整个数据库始终符合用户所定义的完整性约束条件。

例如，职工关系（职工编号，姓名，性别，年龄，身份证号码，部门编号）。

3）关系模型的存储结构

在关系模型中，实体及实体间联系以"表"来表示，在数据库的物理组织中，表以文件形式存储。一个数据表对应一个操作系统文件。文件结构由系统自己设计。

4）关系模型的优缺点

优点：

（1）建立在严格的数学概念的基础上。

（2）概念单一，无论是实体还是实体间联系，都用"关系"表示。对数据的检索结果也是"关系"（即表），其数据结构简单、清晰，用户易懂易用。

（3）存取路径对用户透明，从而具有更高的数据独立性，更好的安全保密性，简化了程序员的工作。

缺点：查询效率不如非关系模型高。

1.3 关系数据库理论基础

1970 年，IBM 研究员 E. F. Codd 博士在刊物 *Communication of the ACM* 上发表了一篇名为 *A Relational Model of Data for Large Shared Data Banks* 的论文，提出了关系模型的概念，奠定了关系模型的理论基础。关系数据库是当前信息管理系统中最常用的数据库，关系数据库采用关系模式，应用关系代数的方法来处理数据库中的数据。

1.3.1 关系数据结构及形式定义

在关系模型中，无论是实体还是实体之间的联系都由单一的结构类型"关系"来表示。

1. 关系数据结构——笛卡儿积（Cartesian Product）

定义 1.1 设有一组域 $D_1, D_2, \cdots, D_n$，这些域可以部分或全部相同。域 $D_1, D_2, \cdots, D_n$ 的笛卡儿积定义为如下集合：

$$D_1 \times D_2 \times \cdots \times D_n = \{(d_1, d_2, \cdots, d_n) \mid d_i \in D_i, i = 1, 2, \cdots, n\}$$

式中，每一个元素 $(d_1, d_2, \cdots, d_n)$ 称为一个 n 元组（或简称元组），元素中的每一个值 d_i 称为一个分量。

若干域的笛卡儿积具有相当多的元素，在实际应用中可能包含许多"无意义"的元素。人们通常感兴趣的是笛卡儿积的某些子集，笛卡儿积的子集就是一个关系。

两个集合 R 和 S 的笛卡儿积是元素对的集合，该元素对是通过选择 R 的某一元素（任何元素）作为第一个元素，S 的某一个元素作为第二个元素构成的，该乘积用 $R \times S$ 表示。笛卡儿积的结果可表示为一个二维表，表中的每行对应一个元组，表中的每列对应一个域。

例如，给出 3 个域：

D_1=导师集合 导师=王勇，张成

D_2=专业集合 专业=计算机应用专业，信息安全专业

D_3=研究生集合 学生=张燕，杨子，田军

则 D_1, D_2, D_3 的笛卡儿积为：

$D_1 \times D_2 \times D_3 = \{$（王勇，计算机应用专业，张燕），（王勇，计算机应用专业，杨子），（王勇，计算机应用专业，田军），（王勇，信息安全专业，张燕），（王勇，信息安全专业，杨子），（王勇，信息安全专业，田军），（张成，计算机应用专业，张燕），（张成，计算机应用专业，杨子），（张成，计算机应用专业，田军），（张成，信息安全专业，张燕），（张成，信息安全专业，杨子），（张成，信息安全专业，田军）$\}$

该笛卡儿积的基数为 2×2×3=12，也就是说 $D_1×D_2×D_3$ 一共有 2×2×3=12 个元组，这 12 个元组的总体可组成一张二维表，如表 1-3 所示。

表 1-3　D_1,D_2,D_3 的笛卡儿积

导　师	专　业	学　生
张毅	计算机应用专业	张燕
张毅	计算机应用专业	杨子
张毅	计算机应用专业	田军
张毅	信息安全专业	张燕
张毅	信息安全专业	杨子
张毅	信息安全专业	田军
张成	计算机应用专业	张燕
张成	计算机应用专业	杨子
张成	计算机应用专业	田军
张成	信息安全专业	张燕
张成	信息安全专业	杨子
张成	信息安全专业	田军

2. 关系（Relation）

定义 1.2　笛卡儿积 $D_1×D_2×\cdots×D_n$ 的子集 R 称为在域 $D_1×D_2×\cdots×D_n$ 上的一个关系（Relation），通常表示为

$$R(D_1, D_2, \cdots, D_n)$$

式中，R 表示关系的名称，n 称为关系 R 的元数或度数（Degree），而关系 R 中所含有的元组个数称为 R 的基数（Cardinal Number）。

关系是笛卡儿积的子集，所以关系也是一个二维表，表的每行对应一个元组，表的每列对应一个域。由于域可以相同，为了加以区分，必须为每列起一个名字，称为属性（Attribute），N 目关系必有 n 个属性。

例如，可以在表 1-3 的笛卡儿积中取出一个子集来构造一个关系。由于一个研究生只师从于一个导师，学习某一个专业，所以笛卡儿积中的许多元组是无实际意义的，从中取出有实际意义的元组来构造关系。给关系命名为 TS，属性名就取域名，即导师、专业和学生，则这个关系可以表示为：TS（导师，专业，学生）。

假设导师与专业是一对一的，即一个导师只有一个专业；导师与研究生是一对多的，即一个导师可以带多名研究生，而一名研究生只有一个导师，这样 TS 关系可以包含 3 个元组，如表 1-4 所示。

表 1-4　TS 关系

导　师	专　业	学　生
张毅	信息安全专业	张燕
张毅	信息安全专业	杨子
张成	信息安全专业	田军

假设学生不会重名（这在实际当中是不合适的，这里只是为了举例方便），则"学生"属性的每一个值都能唯一地标识一个元组，因此可以作为 SAP 关系的主码。

关系可以有 3 种类型：基本关系（通常又称为基本表或基表）、查询表和视图表。基本表是实际存在的表，它是实际存储数据的逻辑表示；查询表是查询结果对应的表；视图表是虚表，是由基本表或其他视图表导出的表，不对应实际存储的数据。

由上述定义可以知道，域 $D_1, D_2, \cdots, D_n$ 上的关系 R，就是由域 $D_1, D_2, \cdots, D_n$ 确定的某些元组的集合。

在关系模型中，对关系做了下列规范性限制：

（1）关系中不允许出现相同的元组。

（2）不考虑元组之间的顺序，即没有元组次序的限制。

（3）关系中每一个属性值都是不可分解的。

（4）关系中属性顺序可以任意交换。

（5）同一属性下的各个属性的取值必须来自同一个域，是同一类型的数据。

（6）关系中各个属性必须有不同的名字。

3. 关系模式

在数据库中要区分型和值。在关系数据库中，关系模式是型，关系是值。关系模式是对关系的描述，关系应描述两个方面内容：元组集合的结构（由哪些属性构成）；关系通常由赋予它的元组语义来确定，元组语义实际上是一个 n 目谓词（n 是属性集中属性的个数）。使 n 目谓词为真的笛卡儿积中的元素（或者说符合元组语义的那部分元素）的全体就构成了关系模式的关系。

定义 1.3 关系的描述称为关系模式（Relation Schema）。它可以形式化地表示为

$$R(U, D, \text{DOM}, F)$$

式中，R 为关系名；U 为组成关系的属性名集合；D 为属性组 U 中属性所来自的域；DOM 为属性向域的映象集合；F 为属性间数据的依赖关系集合。

一般来说关系模式可以简记为：$R(U)$。

关系是关系模式在某一时刻的状态或内容。关系模式是静态的、稳定的，而关系是动态的、随时间不断变化的，因为关系操作在不断地更新着数据库中的数据。有时在实际生活中将关系和关系模式笼统地称为关系。

1.3.2 关系操作

关系模型由关系数据结构、关系操作、关系完整性约束 3 部分组成，上节已经介绍了关系数据结构，本节主要介绍关系操作。

1. 基本操作

关系模型中常用的关系操作包括查询（Query）操作及插入（Insert）操作、删除（Delete）和修改操作两大部分。

关系的查询表达能力很强，是关系操作中最主要的部分。查询操作又可以分为选择（Select）、投影（Project）、连接（Join）、除（Divide）、并（Union）、差（Except）、交（Intersection）、笛卡儿积等。

其中，选择、投影、并、差、笛卡儿积是 5 种基本操作，其他的操作都可以由这 5 种基本

操作来定义和导出。

关系操作是集合操作方式，即操作的对象和结果都是集合。这种操作方式也称为一次一集合（set-at-a-time）的方式。非关系数据模型的数据操作方式是一次一记录（record-at-a-time）方式。

2. 关系代数

关系数据操作就是关系的运算。关系的基本运算有两类：传统的集合运算（并、交、差等）和专门的关系运算（选择、投影、连接），关系数据库进行数据查询时经常需要进行几个基本运算的组合运算。

1）传统的集合运算

传统的集合运算是二目运算，包括并、交、差、笛卡儿积 4 种运算。设关系 R 和关系 S 具有相同的目 n（即两个关系都有 n 个属性），且相应的属性取自相同的域，t 是元组变量，$t \in R$，表示 t 是 R 的一个元组，可以定义并、交、差、笛卡儿积运算如下。

（1）并（Union）。设有关系 R、S（R、S 具有相同的关系模式），二者的"并"运算定义为

$$R \cup S = \{t \mid t \in R \vee t \in S\}$$

式中，"∪"为并运算符；t 为元组变量；结果 $R \cup S$ 为一个新的与 R、S 同类的关系，该关系是由属于 R 和 S 的元组构成的集合。

例如，合并两个相同结构的数据表，就是两个关系的并。

（2）差（Except）。设有关系 R、S（R、S 具有相同的关系模式），二者的"差"运算定义为

$$R-S = \{t \mid t \in R \wedge t \notin S\}$$

式中，"-"为差运算符；t 为元组变量；结果 $R-S$ 为一个新的与 R、S 同类的关系，该关系是由属于 R 但不属于 S 的元组构成的集合，即在 R 中减去与 S 中元组相同的那些元组。

例如，设有选修 C 语言的学生关系 R，选修计算机基础的学生关系 S。查询选修了 C 语言而没有选修计算机基础的学生，就可以使用差运算。

（3）交（Intersection）。设有关系 R、S（R、S 具有相同的关系模式），二者的"交"运算定义为

$$R \cap S = \{t \mid t \in R \wedge t \in S\}$$

式中，"∩"为交运算符；结果 $R \cap S$ 为一个新的与 R、S 同类的关系，该关系是由属于 R 且属于 S 的元组构成的集合，即两者所有的相同的那些元组的集合。

例如，设有选修 C 语言的学生关系 R，选修计算机基础的学生关系 S。要查询既选修了 C 语言又选修了计算机基础的学生，就可以使用交运算。

（4）笛卡儿积（Cartesian Product）。这里的笛卡儿积是广义的笛卡儿积，两个分别为 n 目和 m 目的关系 R 和关系 S 的笛卡儿积是一个 $n+m$ 列的元组集合。若 R 有 k_1 个元组，S 有 k_2 个元组，则关系 R 和关系 S 的笛卡儿积有 $k_1 \times k_2$ 个元组。记作：$R \times S = \{tr\ ts \mid tr \in R \wedge ts \in S\}$

2）选择运算

选择运算是指选取关系中满足一定条件的元组。

选择运算的形式定义为：设有关系 R，选择条件（逻辑表达式）用 F 表示，则从关系 R 中选择出满足条件 F 的元组定义为

$$\sigma_F(R) = \{t \mid t \in R \wedge F(t) = \text{true}\}$$

例如，从学生表中查询系别为"计算机系"的学生信息，使用的查询操作就是选择运算。

3）投影运算

投影运算是指选取关系中的某些列，并且将这些列组成一个新的关系。

投影运算的形式定义为：设有关系 R，其元组变量为 $t^k=<t_1, t_2, \cdots, t_k>$，那么关系 R 在其分量 $A_{i_1}, A_{i_2}, \cdots, A_{i_n}$（$n \leqslant k, i_1, i_2, \cdots, i_n$ 为 1 到 k 之间互不相同的整数）上的投影定义为

$$\prod_{i_1, i_2, \cdots, i_n}(R) = \{ t|t=<t_{i_1}, t_{i_2}, \cdots, t_{i_n}> \wedge <t_1, t_2, \cdots, t_k> \in R \}$$

例如，从学生表中查询学生的学号和姓名信息，使用的查询操作就是投影运算。

4）连接运算

用笛卡儿积可以建立两个关系间的连接，但建立的关系是一个较为庞大的体系，而且不符合实际操作的需要。在实际问题当中，两个关系相互连接一般是满足某些条件的，所得到结果往往比较简单。因此，对于笛卡儿积可以做适当的限制，以适应实际应用的需要，这样就引入了连接运算（又称为 θ 连接）。

连接运算将两个关系拼接成一个更宽的关系，新关系中包含满足连接条件的元组。

连接运算的形式定义为：设有关系 R、S，同时 $i\theta j$ 是一个比较式，其中 i、j 分别为 R 和 S 中的域，θ 为算术比较符，此时关系 R、S 在域 i、j 上的 θ 连接定义为

$$R \underset{i\theta j}{\bowtie} S = \sigma_{i\theta j}(R \times S)$$

式中，"$\bowtie$" 为连接运算符。该式说明，R 与 S 的 θ 连接是 R 与 S 的笛卡儿积再加上限制 $i\theta j$ 而成，显然，$R \underset{i\theta j}{\bowtie} S$ 中元组的个数远远少于 $R \times S$ 的元组个数。

1.4 常用数据库介绍

当前，市场主流的数据库类型及其相互关系如图 1-17 所示。从图 1-17 可知，关系数据库与 Nosql 数据库并存。关系数据库是建立在关系模型基础上的数据库，其借助于集合代数等数学概念和方法来处理数据库中的数据。主流的 Oracle、MySQL 与 SQL Server 等都属于关系数据库。

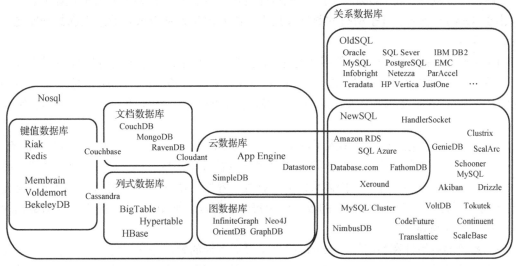

图 1-17　市场主流的数据库类型及其相互关系[1]

---

[1]　https://blog.csdn.net/CYLYBYXH/article/details/81029297

Nosql 数据库，全称为 Not Only SQL，意思是适用关系数据库时就使用关系数据库，不适用时也没有必要非使用关系数据库不可，可以考虑使用更加合适的数据存储方式。其主要分为临时性键值存储（Memcached、Redis）、永久性键值存储（ROMA、Redis）、文档数据库（MongoDB、CouchDB）、列式数据库（Cassandra、HBase），每种 Nosql 都有其特有的使用场景及优点。

下面先对主要的数据库进行介绍，然后对关系数据库与 Nosql 数据库进行对比分析。

1.4.1　Oracle

1977 年 6 月，Larry Ellison 与 Bob Miner 和 Ed Oates 创办了一家名为软件开发实验室（Software Development Laboratories，SDL）的计算机公司（Oracle 公司的前身）。当时，32 岁的 Larry Ellison，这个读了 3 家大学都没能毕业的辍学生，还只是一个普通的软件工程师。公司创立之初，Miner 是总裁，Oates 为副总裁，而 Ellison 因为一个合同的事情，还在另一家公司上班，第一位员工是 Bruce Scott。Ellison 和 Miner 预见到数据库软件的巨大潜力，于是，SDL 开始策划构建可商用的关系数据库管理系统（RDBMS）。当时 IBM 发表了"关系数据库"的论文，Ellison 以此造出新数据库，名为 Oracle。

1978 年，公司迁往硅谷，更名为"关系软件有限公司"（RSI）。RSI 在 1979 年的夏季发布了可用于 DEC 公司的 PDP-11 计算机上的商用 Oracle 产品，这个数据库产品整合了比较完整的 SQL 实现，其中包括子查询、连接及其他特性。当时美国中央情报局想买一套这样的软件来满足其业务需求，但在咨询了 IBM 公司之后发现 IBM 没有可用的商用产品，于是联系了 RSI，RSI 有了第一个客户。1983 年，为了突出公司的核心产品，RSI 再次更名为 Oracle 公司。

目前，Oracle 是世界领先的信息管理软件供应商和世界第二大独立软件公司。世界上的所有行业几乎都在应用 Oracle 技术，《财富》100 强中的 98 家公司都采用 Oracle 技术。Oracle 是第一个跨整个产品线（数据库、业务应用软件和应用软件开发与决策支持工具）开发和部署 100%基于互联网的企业软件公司。Oracle 的关系数据库也是世界上第一个支持 SQL 的数据库。

由于 Oracle 包括了几乎所有的数据库技术，因此被认为是未来企业级主选数据库之一。Oracle 主要有以下特点：

（1）对象/关系模型。Oracle 使用了对象/关系模型，也就是在完全支持传统关系模型的基础上，为对象机制提供了有限的支持。Oracle 不仅能够处理传统的表结构信息，而且能够管理由 C++、Smalltalk 及其他开发工具生成的多媒体数据类型，如文本、视频、图形和空间对象等。

（2）动态可伸缩性。Oracle 引入了连接存储池和多路复用机制，提供了对大型对象的支持，当需要支持一些特殊数据类型时，用户可以创建软件插件来实现。Oracle 8 采用了高级网络技术，提供共享池和连接管理器来提高系统的可括性，容量可从几吉字节到几百太字节，可允许 10 万个用户同时并行访问，Oracle 的数据库中每个表可以容纳 1000 列，能满足目前数据库及数据仓库应用的需要。

（3）系统的可用性和易用性。Oracle 提供了灵活多样的数据分区功能，一个分区可以是一个大型表，也可以是索引易于管理的小块，可以根据数据的取值分区，有效地提高了系统操作能力及数据可用性，缓解了 I/O 瓶颈。Oracle 还对并行处理进行了改进，在位图索引、查询、排序、连接和一般索引扫描等操作中引入并行处理，提高了单个查询的并行度。

（4）系统的可管理性和数据安全功能。Oracle 提供了自动备份和恢复功能，改进了对大规模和更加细化的分布式操作系统的支持，加强了 SQL 操作复制的并行性。为了帮助客户有效地管理整个数据库和应用系统，Oracle 还提供了企业管理系统，数据库管理员可以从一个集中控制台拖放式图形用户界面管理 Oracle 的系统环境。

（5）对多平台的支持与开放性。网络结构往往含有多个平台，Oracle 可以运行于目前所有的主流平台上，如 SUN Solarise、Sequent Dynix/PTX、Intel NT、HP UX、DEC UNIX、IBM AIX 等。Oracle 的异构服务为同其他数据源及使用 SQL 和 PL/SQL 的服务进行通信提供了必要的基础设施。

（6）支持大量多媒体数据。

例如，二进制图形、声音、动画及多维数据结构等。

（7）提供了基于角色（Role）分工的安全保密管理。在数据库管理功能、完整性检查、安全性、一致性方面都有良好的表现。

1.4.2　MySQL

MySQL 是一个小型关系数据库管理系统，是一款最流行的开源数据库，开发者为瑞典 MySQL AB 公司。2008 年 1 月 16 日，MySQL 被 SUN 公司收购；2009 年，SUN 又被 Oracle 公司收购，对于 MySQL 的前途，没有任何人抱乐观的态度。目前，MySQL 被广泛应用于 Internet 上的中小型网站中。由于其体积小、速度快、总体拥有成本低，尤其是开放源代码这一特点，许多中小型网站为了降低网站总体拥有成本而选择了 MySQL 作为网站数据库。

MySQL 的特性如下：

（1）使用 C 和 C++编写，并使用了多种编译器进行测试，保证源代码的可移植性。

（2）支持 AIX、FreeBSD、HP-UX、Linux、Mac OS、Novell Netware、OpenBSD、OS/2 Wrap、Solaris、Windows 等多种操作系统。

（3）为多种编程语言提供了 API。这些编程语言包括 C、C++、Eiffel、Java、Perl、PHP、Python、Ruby 和 Tcl 等。

（4）支持多线程，充分利用 CPU 资源。

（5）优化的 SQL 查询算法，可有效提高查询速度。

（6）既能作为一个单独的应用程序应用在客户端服务器网络环境中，也能作为一个库而嵌入到其他的软件中提供多语言支持,常见的编码如中文的 GB 2312 和 BIG5、日文的 Shift_JIS 等都可以用作数据表名和数据列名。

（7）提供 TCP/IP、ODBC 和 JDBC 等多种数据库连接途径。

（8）提供用于管理、检查、优化数据库操作的管理工具。

（9）可以处理拥有上千万条记录的大型数据库。

总体来说，MySQL 数据库具有以下主要特点：

（1）同时访问数据库的用户数量不受限制。

（2）可以保存超过 50000000 条记录。

（3）它是目前市场上现有产品中运行速度最快的数据库系统。

（4）用户权限设置简单、有效。

如今，包括 Siemens 和 Silicon Graphics 这样的国际知名公司也开始把 MySQL 作为其数据库管理系统，这就更加证明了 MySQL 数据库的优越性能和广阔的市场发展前景。

1.4.3 SQL Server

SQL Server 诞生于 1988 年，第一个版本是由 Sybase 公司、Microsoft 公司和 Asbton-Tate 公司联合开发的，只能在 OS/2 上运行。后来，Asbton-Tate 公司退出了 SQL Server 的开发。1993 年，其发布了 SQL Server 4.2 For Windows NT Advanced Server 3.1。这个版本在市场上取得了一些进展，但它不是一个企业级的 RDBMS。1994 年，Sybase 和 Microsoft 停止合作，各自开发自己的 SQL Server。Microsoft 公司致力于 Windows NT 平台的 SQL Server 开发，而 Sybase 公司则致力于 UNIX 平台的 SQL Server 开发。1995 年，Microsoft 公司推出了 SQL Server 6.0。1996 年，其推出了 SQL Server 6.5。SQL Server 6.5 是一个速度快、功能强、易使用、价格低的优秀数据库。1998 年，其推出了 SQL Server 7.0，此版本是一个真正的企业级数据库。2000 年，Microsoft 公司推出了 SQL Server 2000，它是微软.NET 产品的重要组成部分，是大规模联机事务处理（OLTP）、数据仓库和电子商务应用程序的优秀数据库平台。

2005 年，Microsoft 公司又推出了 SQL Server 2005，这是数据库引擎的又一次重写，SQL Server 2005 增加了许多新功能和新技术，包括 Service Broker、通知服务、XQuery 等。此版本是具有里程碑性质的企业级数据库产品。它在企业级支持、商业智能应用、管理开发效率等诸多方面，较 SQL Server 2000 均有质的飞跃，是集数据管理与商业智能（BI）分析于一体的数据管理与分析平台。SQL Server 2005 将 SQL Server 进一步推向企业领域，真正走向成熟，与 Oracle、IBM DB2 形成了商业数据库的三足鼎立之势。之后，SQL Server 历经 2008、2008 R2、2012、2014、2016 各版本的持续投入和不断进化，直至 2017 年 10 月 2 日正式发布了最新版本 SQL Server 2017。

SQL Server 2017 的新特性如下。

（1）跨平台与容器化，支持 Linux 服务器。SQL Server 2017 的第一个不得不提的变化，不是一个具体功能，而是其运行环境的变革——支持 Linux 服务器。这是微软 SQL Server 系列产品首次正式在 Linux 上运行，并且提供完整的官方支持。这无疑大大拓宽了 SQL Server 的应用场景和客户群体。虽然 Windows Server 的授权并不算昂贵，但对于许多以 Linux 生态为主要技术栈的公司而言，并不会考虑申购和运维基于 Windows 的后端服务器——因此在技术选型时，SQL Server 可能第一时间就被排除在外了。当 SQL Server 2017 正式支持 Linux 后，这一障碍将不复存在，SQL Server 终于可以在新的战场和竞争对手展开竞争，无疑会非常有助于其市场份额的提升。

（2）图数据处理。向新兴的 Nosql 学习也是现代关系数据库发展的一个重要特征。如文档数据库善于处理的 JSON 数据，在 SQL Server 2016 中得到了存储、索引、查询等方面的全面支持。SQL Server 2017 与时俱进，又开始向 Neo4j 学习，大胆地引入了图数据的处理与支持。

（3）先进的机器学习功能。机器学习无疑是近年来的热词，也是现代数据应用不可或缺的组成部分。受益于 Revolution Analytics 的收购，SQL Server 2016 版本带来了突破性的 SQL Server R Services。而在 SQL Server 2017 中，则更进一步加入了另一个拥有强大 AI 生态的语言支持——Python。原有的 R Services 也与新引入的 Python 服务一起重命名为 Machine Learning Services（机器学习服务）。

（4）新特性之自适应查询处理。如果说数据库内机器学习给开发者应用带来了智能，那么 SQL Server 的查询执行引擎本身是否也能变得更聪明、更智能呢？答案是肯定的，这也正是 SQL Server 2017 的另一个发展方向，相关的一系列特性被称为自适应查询处理（Adaptive Query Processing）。

1.4.4　MongoDB

MongoDB（来自英文单词"Humongous"，中文含义为"庞大"）是可以应用于各种规模的企业、各个行业及各类应用程序的开源数据库。MongoDB 是一个基于分布式文件存储的数据库，是当前最成功的 Nosql 数据库之一，使用 C++语言编写，旨在为 Web 应用提供可扩展的高性能数据存储解决方案。在高负载的情况下，添加更多的结点，可以保证服务器性能。MongoDB 能够使企业更加具有敏捷性和可扩展性，各种规模的企业都可以通过使用 MongoDB 来创建新的应用，提高与客户之间的沟通效率，加快产品上市时间，以及降低企业成本。

MongoDB 将数据存储为一个文档，数据结构由键值（key=>value）对组成。MongoDB 文档类似于 JSON 对象。字段值可以包含其他文档、数组及文档数组。相关信息存储在一起，通过 MongoDB 查询语言进行快速查询访问。MongoDB 使用动态模式，这意味着可以在不首先定义结构的情况下创建记录，如字段或其值的类型；可以通过添加新字段或删除现有记录来更改记录的结构（称之为文档）。该数据模型可以轻松地代表层次关系，存储数组和其他更复杂的结构。集合中的文档不需要具有相同的一组字段，数据的非规范化是常见的。 MongoDB 还设计了高可用性和可扩展性，并提供了即用型复制和自动分片功能。

与关系数据库相比，MongoDB 的优点如下：

（1）弱一致性（最终一致），更能保证用户的访问速度。举例来说，在传统的关系数据库中，一个 COUNT 类型的操作会锁定数据集，这样可以保证得到"当前"情况下的精确值。在某些情况下，如通过 ATM 查看账户信息时很重要，但对于 Wordnik 来说，数据是不断更新和增长的，这种"精确"的保证几乎没有任何意义，反而会产生很大的延迟。此时需要的是一个"大约"的数字及更快的处理速度。

（2）文档结构的存储方式，能够更便捷地获取数据。对于一个层级式的数据结构来说，如果要将这样的数据使用扁平式的表状的结构来保存，无论是在查询数据还是获取数据时都十分困难。

（3）内置 GridFS，支持大容量的存储。GridFS 是一个出色的分布式文件系统，可以支持海量的数据存储。内置了 GridFS 的 MongoDB 能够满足对大数据集的快速范围查询。

（4）内置 Sharding，提供基于 Range 的 Auto Sharding 机制：一个 Collection 可按照记录的范围，分成若干段，切分到不同的 Shard 上。

（5）第三方支持丰富。现在网络上的很多 Nosql 开源数据库都完全属于社区型的，没有官方支持，给使用者带来了很大的风险。而开源文档数据库 MongoDB 背后有商业公司 10gen 为其提供商业培训和支持。而且 MongoDB 社区非常活跃，很多开发框架都迅速提供了对 MongoDB 的支持。不少知名大公司和网站也在生产环境中使用 MongoDB，越来越多的创新型企业转而使用 MongoDB 作为与 Django、RoR 搭配的技术方案。

（6）性能优越。在使用场合下，千万级别的文档对象，近 10GB 的数据，对有索引的 ID 的查询不会比 MySQL 慢，而对非索引字段的查询，则是全面胜出。MySQL 实际无法胜任大数据量下任意字段的查询，而 MongoDB 的查询性能让人惊讶，写入性能同样令人满意，对于同样写入百万级别的数据，MongoDB 比 CouchDB 要快得多，基本上在 10 分钟以下就可以解决。

1.4.5　Redis

随着互联网+和大数据时代的来临，传统的关系数据库已经不能满足中大型网站日益增长的访问量和数据量的需要，这时就需要一种能够快速存取数据的组件来缓解数据库服务 I/O 的压力，来解决系统性能上的瓶颈。Redis 是目前最好的缓存数据库。Redis 是一个开源的、高性能的、基于键值对的缓存与存储系统，通过提供多种键值数据类型来适应不同场景下的缓存与存储需求。同时，Redis 的诸多高层级功能使其可以胜任消息队列、任务队列等不同的角色。

2008 年，意大利的一家创业公司 Merzia（http://merzia.com）推出了一款基于 MySQL 的网站实时统计系统 LLOOGG（http://lloogg.com），然而没过多久该公司的创始人 Salvatore Sanfilippo 便开始对 MySQL 的性能感到失望，于是他决定亲自为 LLOOGG 量身定做一个数据库，并于 2009 年开发完成，这个数据库就是 Redis。国内如新浪微博、街旁和知乎，国外如 GitHub、Stack Overflow、Flickr、暴雪和 Instagram，都是 Redis 的用户。

1.4.6　SQLite

SQLite 是最流行的嵌入式数据库。嵌入式数据库有很多种，随着手机移动开发的流行，SQLite 嵌入式数据库异军突起，占领了手机嵌入式数据库的领导地位。SQLite 是一个完整的关系数据库，支持 SQL 标准，支持函数索引、外键、视图、触发器、ACID，扩展支持自定义函数、JSON、全文索引、GIS 等高级特性，可以说功能非常全，但是程序包不到 500KB，可以在几十万字节的内存上运行，是当前手机或掌上嵌入式设备存储结构化数据的最好选择。SQLite 是开源免费软件，同时也有收费功能，主要是支持加密、压缩等高级特性，这些功能对于数据安全要求比较高的业务非常有意义。

1.4.7　关系数据库与 Nosql 数据库比较

1. 关系数据库的优点

关系数据库作为应用广泛的通用型数据库，它的突出优势主要有以下几点：

（1）保持数据的一致性（事务处理）。

（2）由于以标准化为前提，数据更新的开销很小。

（3）可以进行 Join 等复杂查询。

（4）存在很多实际成果和专业技术信息（成熟的技术）。

这其中，能够保持数据的一致性是关系数据库的最大优势。在需要严格保证数据一致性和处理完整性的情况下，用关系数据库肯定是没有错的。但是有些情况不需要 Join 运算，对上述关系数据库的优点也没有什么特别需要，这时似乎也就没有必要拘泥于关系数据库了。

2. 关系数据库的缺点

关系数据库的性能非常高。但它毕竟是一个通用型的数据库，并不能完全适应所有的用途。具体来说它并不擅长以下处理：

（1）大量数据的写入处理。

（2）为有数据更新的表做索引或表结构（schema）变更。

（3）字段不固定时应用。

（4）对简单查询需要快速返回结果的处理。

3. Nosql 数据库的优点

Nosql 主要应用在基于多维关系模型的非结构化的存储及特有的使用场景中。

（1）高并发，大数据下读写能力较强。

（2）基本支持分布式，易于扩展，可伸缩。

（3）简单，弱结构化存储。

4. Nosql 数据库的缺点

（1）Join 等复杂操作能力较弱。

（2）事务支持较弱。

（3）通用性差。

（4）无完整约束，复杂业务场景支持较差。

1.5 小结

数据库管理系统作为数据管理最有效的手段，为高效、精确地处理数据创造了条件。本章主要对数据库的基础知识进行了讲述。从数据与信息、数据管理技术的发展、数据模型、关系数据库及主流数据库等方面进行了介绍。读者通过对本章的学习熟悉数据管理技术发展的阶段特征；掌握 3 种不同的数据模型，并对关系数据库的构成有所了解。

1.6 课后练习

一、单项选择题

1. 在数据管理技术的发展过程中，经历了人工管理阶段、文件系统阶段和数据库系统阶段。在这几个阶段中，数据独立性最高的是（　　）阶段。

A．数据库系统　　　B．文件系统　　　C．人工管理　　　D．数据项管理

2. 数据库系统与文件系统的主要区别是（　　）。

A．数据库系统复杂，而文件系统简单

B．文件系统不能解决数据冗余和数据独立性问题，而数据库系统可以解决

C．文件系统只能管理程序文件，而数据库系统能够管理各种类型的文件

D．文件系统管理的数据量较少，而数据库系统可以管理庞大的数据量

3. 数据库的概念模型独立于（　　）。

A．具体的机器和 DBMS　　　　　B．E-R 图

C．信息世界　　　　　　　　　　D．现实世界

4. 在数据库中，下列说法不正确的是（　　）。

A．数据库避免了一切数据的重复

B．若系统是完全可以控制的，则系统可确保更新时的一致性

C．数据库中的数据可以共享

D．数据库减少了数据冗余

5．（　　）是存储在计算机内有结构的数据的集合。

A．数据库系统 　　　　　　　　　　B．数据库

C．数据库管理系统 　　　　　　　　D．数据结构

6．在数据库中存储的是（　　）。

A．数据 　　　　　　　　　　　　　B．数据模型

C．数据及数据之间的联系 　　　　　D．信息

7．在数据库中，数据的物理独立性是指（　　）。

A．数据库与数据库管理系统的相互独立

B．用户程序与 DBMS 的相互独立

C．用户的应用程序与存储在磁盘上数据库中的数据是相互独立的

D．应用程序与数据库中数据的逻辑结构相互独立

8．数据库的特点之一是数据的共享，严格地讲，这里的数据共享是指（　　）。

A．同一个应用中的多个程序共享一个数据集合

B．多个用户、同一种语言共享数据

C．多个用户共享一个数据文件

D．多种应用、多种语言、多个用户相互覆盖地使用数据集合

9．数据库系统的核心是（　　）。

A．数据库 　　　　　　　　　　　　B．数据库管理系统

C．数据模型 　　　　　　　　　　　D．软件工具

10．下列关于数据库系统的叙述正确的是（　　）。

A．数据库中只存在数据项之间的联系

B．数据库的数据项之间和记录之间都存在联系

C．数据库的数据项之间无联系，记录之间存在联系

D．数据库的数据项之间和记录之间都不存在联系

二、论述题

1．文件系统中的文件与数据库系统中的文件有何本质上的不同？

2．什么是数据库？

3．数据库管理系统有哪些功能？

## 第2章

SQL Server 2017 综述

数十年来，关系数据库管理系统（Relational Database Management System，RDBMS）一直是结构化数据存储的不二之选。从高校到工业界，关系数据库向来是数据研究和应用的核心，也促生了大批从事数据库开发、维护和调优的人才。近年来，随着各种 Nosql 数据库和 Hadoop 技术生态的诞生和流行，关系数据库似乎受到了巨大的挑战，有着"严谨呆板"形象的关系数据库一度被市场唱衰。然而事实证明，即使面对着众多后起之秀的竞争，有着悠久历史的关系数据库不但没有消亡，反而历久弥坚，不断推陈出新，在现代后端数据架构中仍然占据核心地位，散发出十足活力。

美国时间 2017 年 10 月 2 日，微软最新一代数据库 SQL Server 2017 正式发布。SQL Server 2017 带来了一系列全新的功能与设计，体现了微软在数据平台建设方面的最新思考和实践。

微软 SQL Server 数据库是商业关系数据库阵营中的杰出代表，在 DB-Engines 数据库流行度排行榜上常年位居前三。得益于便捷的图形化管理界面和易于上手的特点，许多数据库的初学者就是从 SQL Server 开始学习的。

2.1 SQL Server 2017 介绍

微软 SQL Server 自身的历史具有传奇色彩，最初是由微软、Sybase、Ashton-Tate（开发 dBase 的公司）三家合作，将 Sybase SQL Server 数据库移植到 OS/2 操作系统而诞生的。后来随着 OS/2 的挫败和 Windows NT 操作系统的走强，微软停止了与 Sybase 的合作，开始聚焦于为 Windows 平台独立地开发和维护这个数据库产品，此即 Microsoft SQL Server 的由来。为了避免混淆，Sybase 也将自己的数据库从 Sybase SQL Server 重命名为了 Adaptive Server Enterprise（ASE），从此 SQL Server 仅指微软旗下的关系数据库。Sybase 的数据库产品也一度在金融等行业享有盛誉、颇受欢迎，但如今早已风光不再，于 2010 年被 SAP 收购。

与 Sybase 分道扬镳之后的 Microsoft SQL Server，稳扎稳打，一路前行。SQL Server 7.0 和 SQL Server 2000 这两个版本基本完成了在原有 Sybase 代码基础上的大量重写和扩展，正式进入企业级数据库的行列；而 SQL Server 2005 则真正走向了成熟，与 Oracle、IBM DB2 形成了商业数据库的三足鼎立之势。之后 SQL Server 历经 2008、2008 R2、2012、2014、2016 各版本，直至 SQL Server 2017。

由于互联网产业的迅猛发展，Linux 系统占据了服务器平台的主流位置，为了能够在 Linux 平台上也能分一杯羹，SQL Server 2017 是首个能在 Linux 上部署的 Microsoft 数据库产品。

2.1.1　SQL Server 2017 简介

当技术主管为公司定义其分析策略时，大多数人认为 AI、机器学习、自然语言处理和数据挖掘是这些计划的关键组成部分。在过去几年中，许多分析功能很受欢迎，但它们仍然操作复杂、价格昂贵，并且有一些特殊的功能是很难使用的。

SQL Server 2017 恰逢其时地增加了一些最新的数据服务和分析功能，包括强大的 AI 功能、对 R 和 Python 的支持，解决了客户在访问 AI 和其他分析服务时面临的一些挑战。SQL Server 2017 引入了图数据处理支持、适应性查询、面向高级分析的 Python 集成等功能更新，并且 SQL Server 2017 将 AI 直接引入到整个数据生命周期，BI 专家现在可以执行高级查询，包括简单或高级算法的应用，并且可直接看到分析结果。

微软同时向 Windows、Linux、macOS 及 Docker 容器推出了 SQL Server 2017 RC1 的公共访问。

目前，SQL Server 2017 有企业版（Enterprise）、标准版（Standard）、Web 版、Developer 版、Express 版等，如表 2-1 所示。SQL Server 2017 各版本的功能，在扩展、可编程、安全性、数据聚集性、数据仓库、商业智能、高级分析等功能方面存在着差异。具体请参考微软官网链接 https://docs.microsoft.com/zh-cn/sql/sql-server/editions-and-components-of-sql-server-2017?view=sql-server-2017（读者也可以通过扫描二维码直接访问，如图 2-1 所示）。限于篇幅，本章不再展开。

表 2-1　SQL Server 2017 各版本介绍

SQL Server 版本	定　义
Enterprise	作为高级版本，SQL Server Enterprise 提供了全面的高端数据中心功能，性能极为快捷、虚拟化不受限制，还具有端到端的商业智能，可为关键任务工作负荷提供较高服务级别，支持最终用户访问深层数据
Standard	SQL Server Standard 提供了基本数据管理和商业智能数据库，使部门和小型组织能够顺利运行其应用程序并支持将常用开发工具用于内部部署和云部署，有助于以最少的 IT 资源获得高效的数据库管理
Web 版	对于为从小规模至大规模 Web 资产提供可伸缩性、经济性和可管理性功能的 Web 宿主和 Web VAP 来说，SQL Server Web 是一项总拥有成本较低的选择
Developer 版	SQL Server Developer 支持开发人员基于 SQL Server 构建任意类型的应用程序。它包括 Enterprise 的所有功能，但有许可限制，只能用作开发和测试系统，而不能用作生产服务器。SQL Server Developer 是构建和测试应用程序的人员的理想之选
Express 版	Express 是入门级的免费数据库，是学习和构建桌面及小型服务器数据驱动应用程序的理想选择。它是独立软件供应商、开发人员和热衷于构建客户端应用程序的人员的最佳选择。如果需要使用更高级的数据库功能，则可以将 SQL Server Express 无缝升级到其他更高端的 SQL Server 版本。SQL Server Express LocalDB 是 Express 的一种轻型版本，该版本具备所有可编程性功能，在用户模式下运行，并且具有快速的零配置安装和必备组件要求较少的特点

图 2-1　SQL Server 2017 各版本介绍网址二维码

2.1.2　SQL Server 2017 新功能

以下是 SQL Server 2017 平台新功能的重点，将对企业的分析策略产生积极的影响。

1.　公司可以存储和管理更智能的数据

SQL Server 2017 改变了查看数据的方式。事实上平台的新功能使数据科学家和企业通过数据进行交互时，能够检索不同的算法来应用和查看已经被处理和分析的数据。

Microsoft 将其 AI 功能与下一代 SQL Server 引擎集成，可以实现更智能的数据传输。

2.　跨平台提供更大的灵活性

无论是一个大型 Linux 商店，还是只需要在 Mac 上使用 SQL Server 做数据库引擎的开发，新一代的 SQL Server 都可以支持。它现在可以在 Linux 上完全运行、完全安装，或运行在 macOS 的 Docker 容器上。SQL Server 的跨平台支持将为许多使用非 Windows 操作系统的公司提供机会，来部署数据库引擎。

3.　先进的机器学习功能

SQL Server 2017 支持 Python，希望利用机器学习高级功能的企业可以使用 Python 和 R 语言。（编者注：SQL Server 用户可以在安装过程中下载并安装标准的开源 Python interpreter 版本 3.5 和一些常见的 Python 包。Microsoft 只支持解释器 3.5 版。根据 Microsoft，选择该版本是想避免较新版本的 Python interpreter 中存在的一些兼容性问题。）

这为数据科学家提供了利用所有现有算法库或在新系统中创建新算法库的机会。集成是非常有价值的，这样企业不需要支持多个工具集，以便通过数据完成其高级分析目标。

4.　增强数据层的安全性

在 SQL Server 的新版本中，企业可以直接在数据层上增加新的增强型数据保护功能。行级别安全控制、始终加密和动态数据屏蔽在 SQL Server 2016 中已经存在，但是许多工具进行了改进，包括企业不仅可以确保行级别，还可以确保列级别。

5.　提高了 BI 分析能力

分析服务也有改进。企业通常使用分析服务来处理大量数据。一些新功能包括新的数据连接功能、数据转换功能、Power Query 公式语言的混搭，增强了对数据中的不规则层级（Ragged Hierarchies）的支持，并改进了使用的日期/时间维度的时间关系分析。

企业客户认识到围绕 BI 的战略和通过数据获取洞察力需要对高级分析数据平台进行大量投资。获取数据并管理它，对其应用高级预测算法并将其数据可视化的过程，时间长且复杂。

因此，Microsoft 在 SQL Server 2017 中突出显示的整合解决方案是一个很好的案例，可以最终改善和简化从数据中获取结果的过程。

2.2　SQL Server 2017 安装

2.2.1　SQL Server 2017 安装软/硬件要求

根据 Microsoft 官网介绍，SQL Server 2017 的软/硬件安装需求与 SQL Server 2016 大致相同。

1. 注意事项（适用于所有版本）

（1）建议在使用 NTFS 或 ReFS 文件格式的计算机上运行 SQL Server。支持但建议不要在使用 FAT32 文件系统的计算机上安装 SQL Server，因为它没有 NTFS 或 ReFS 文件系统安全。

（2）SQL Server 安装程序将阻止在只读驱动器、映射的驱动器或压缩驱动器上进行安装。

（3）如果通过远程桌面连接 RDC 客户端上本地资源中的介质来启动安装程序，安装将会失败。若要执行远程安装，介质必须处于网络共享状态，或者是物理计算机或虚拟机的本地介质。SQL Server 安装介质要么处于网络共享状态，要么是映射的驱动器、本地驱动器，或者是虚拟机的 ISO。

（4）安装 SQL Server Management Studio 时，必须先安装.NET 4.6.1 必备组件。SQL Server Management Studio 处于选中状态时，安装程序将自动安装.NET 4.6.1。

（5）SQL Server 安装程序安装该产品所需的以下软件组件：

● SQL Server Native Client；

● SQL Server 安装程序支持文件。

2. 硬件和软件要求

SQL Server 2017 安装的软件和硬件要求如表 2-2 所示。

表 2-2　SQL Server 2017 安装的软件和硬件要求

组　件	要　求
.NET Framework	SQL Server 2016(13.x)RC1 和更高版本需要.NET Framework 4.6才能运行数据库引擎、Master Data Services 或复制。SQL Server 2016 安装程序会自动安装.NET Framework，还可以从.NET Framework 适用于 Windows 的 Microsoft .NET Framework 4.6（Web 安装程序）中手动安装。 有关.NET Framework 4.6 的详细信息、建议和指南，请参阅面向开发人员的.NET Framework 部署指南。 在安装 Windows 8.14.6 之前，Windows Server 2012 R2 还需要 KB2919355 .NET Framework
网络软件	SQL Server 支持的操作系统具有内置网络软件。独立安装的命名实例和默认实例支持以下网络协议：共享内存、命名管道、TCP/IP 和 VIA。 注意：故障转移群集上不支持 VIA 协议。只有当通过故障转移群集实例的本地管道地址建立连接时，才支持共享内存。 另外，不推荐使用 VIA 协议。此功能处于维护模式并且可能会在 Microsoft SQL Server 将来的版本中被删除。请避免在新的开发工作中使用该功能，并着手修改当前还在使用该功能的应用程序。 有关网络协议和网络库的详细信息，请参阅 Network Protocols and Network Libraries
硬盘	SQL Server 要求最少 6 GB 的可用硬盘空间。 磁盘空间要求将随所安装的 SQL Server 组件不同而发生变化。有关详细信息，请参阅本文后面部分的硬盘空间要求。有关支持的数据文件存储类型的信息，请参阅 Storage Types for Data Files

续表

组　件	要　求
驱动器	从磁盘进行安装时需要相应的 DVD 驱动器
监视器	SQL Server 要求有 Super-VGA（800×600）或更高分辨率的显示器
Internet	使用 Internet 功能需要连接 Internet（可能需要付费）

注意： 在虚拟机上运行 SQL Server 的速度要慢于在本机运行，因为虚拟化会产生系统开销。

3. 处理器、内存和操作系统要求

表 2-3 所描述的内存和处理器要求适用于所有版本的 SQL Server。

表 2-3　内存和处理器要求

组　件	要　求
内存*	最低要求： Express 版本：512MB 所有其他版本：1GB 建议： Express 版本：1GB 所有其他版本：至少 4GB 并且应该随着数据库的增大而增加，以便确保最佳的性能
处理器速度	最低要求：x64 处理器：1.4GHz 建议：2.0GHz 或更快
处理器类型	x64 处理器：AMD Opteron、AMD Athlon 64、支持 Intel EM64T 的 Intel Xeon、支持 EM64T 的 Intel Pentium IV

*内存至少必须有 2GB RAM，才能在 Data Quality Services（DQS）中安装数据质量服务器组件。此要求不同于 SQL Server 的最低内存要求。

操作系统支持：Windows 10 及以上版本，且必须是 64 位操作系统。

2.2.2　SQL Server 2017 安装过程

一般不要在个人操作系统上安装企业版（开发版 Developer 即可），即使能安装也可能支持不了企业版所有的功能。

1. 准备工作

1）补丁包安装

先下载安装 Microsoft Visual C++ 2015 Redistributable Update 3 补丁包，可以解决服务器安装不上的问题，下载链接：https://www.microsoft.com/zh-CN/download/details.aspx?id= 48145；也可以通过扫描二维码访问，如图 2-2 所示。

2）安装配制 JDK

Polybase 要求安装 Oracle JRE 7 更新 51（64 位）或更高版本。首先需要下载 Java 开发工具包 JDK，下载地址：http://www.oracle.com/technetwork/java/javase/downloads/index.html；也可以通过扫描二维码访问，如图 2-3 所示。

图 2-2　补丁包下载地址二维码　　　　图 2-3　JDK 下载地址二维码

安装完成后，配置相应的环境变量：

在"系统变量"中设置 3 项属性，JAVA_HOME、PATH 和 CLASSPATH（不区分大小写），若已存在则单击"编辑"，不存在则单击"新建"。

变量设置参数如下：

变量名：JAVA_HOME

变量值：C:\Program Files (x86)\Java\jdk1.8.0_91　　// 要根据自己的实际路径配置

变量名：CLASSPATH

变量值：.;%JAVA_HOME%\lib\dt.jar;%JAVA_HOME%\lib\tools.jar;　　//记得前面有个"."

变量名：Path

在 Windows 10 中，因为系统的限制，Path 变量只可以使用 JDK 的绝对路径。在原有的变量值前面加上如下所示路径（要根据自己的实际路径配置做相应改动）：

C:\Program Files (x86)\Java\jdk1.8.0_91\bin;C:\Program Files (x86)\ Java\jdk1.8.0_91\jre\bin;

2．SQL Server 2017 下载

首先在 Microsoft 官网下载对应的安装程序，下载地址：https://www.microsoft.com/zh-cn/sql-server/sql-server-downloads；也可以通过扫描二维码访问，如图 2-4 所示。

3．加载安装盘

双击运行下载的安装包，Windows 10 会自动在虚拟光驱加载 iso 镜像文件，如图 2-5 所示。

图 2-4　SQL Server 2017 下载地址二维码

图 2-5　SQL Server 2017 安装文件

4．全新安装数据库，选择开发版

在窗口左边，单击"安装"标签，在窗口右边单击"全新 SQL Server 独立安装或向现有安装添加功能"，如图 2-6 和图 2-7 所示。

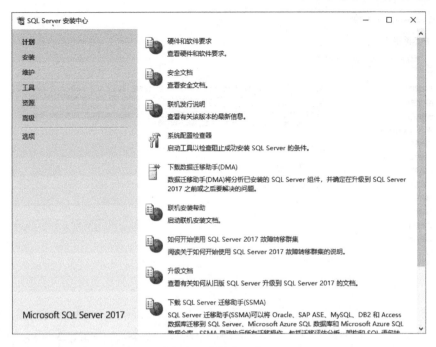

图2-6 安装中心窗口

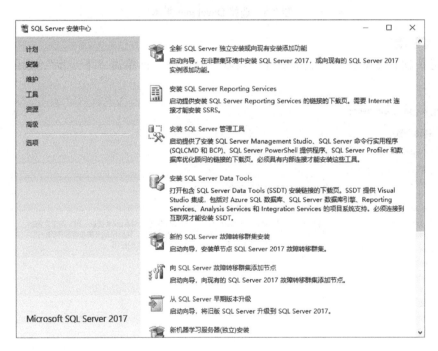

图2-7 全新安装数据库

5. 产品密钥

在产品密钥界面中，选择"指定可用版本"单选按钮，选择开发版"Developer"，再单击"下一步"按钮，如图2-8所示。

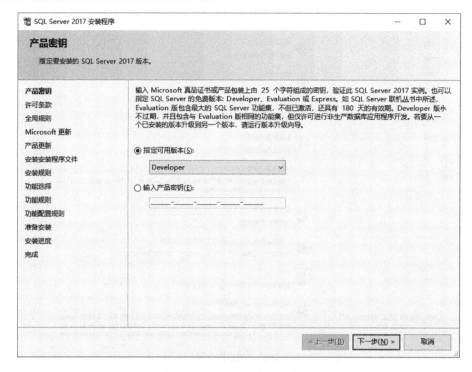

图 2-8　选择 Developer 版本

6. 许可条款

在许可条款界面中选择"我接受许可条款"复选框，再单击"下一步"按钮，如图 2-9 所示。

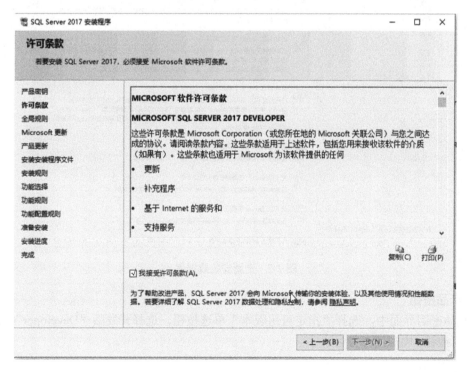

图 2-9　接受许可条款

7. Microsoft 更新

取消选择"使用 Microsoft Update 检查更新（推荐）（M）"复选框，再单击"下一步"按钮，如图 2-10 所示。

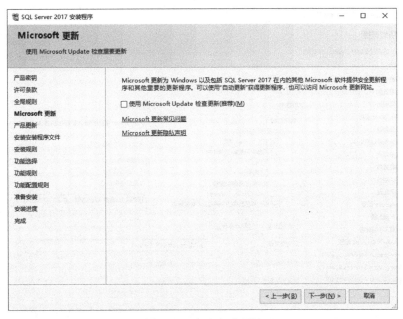

图 2-10　取消自动更新

8. 安装规则

进行安装环境检测，如果安装环境检测没有通过，则会弹出警告页面；如果检测通过，则进入安装功能选择页面，再单击"下一步"按钮，如图 2-11 所示。

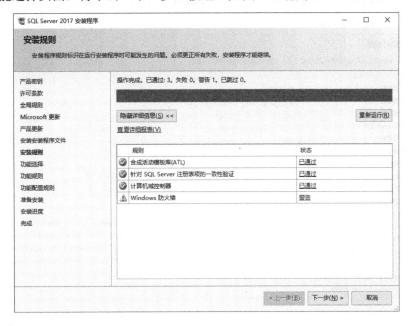

图 2-11　通过安装检测

安装时，需要打开"控制面板"，进入"系统和安全"，关掉防火墙，否则可能无法通过检测。

9. 功能选择

勾选需要安装的功能（对初学者，暂不安装机器学习功能）。此处也可以选择 SQL Server 2017 安装路径，单击"下一步"按钮，如图 2-12 所示。

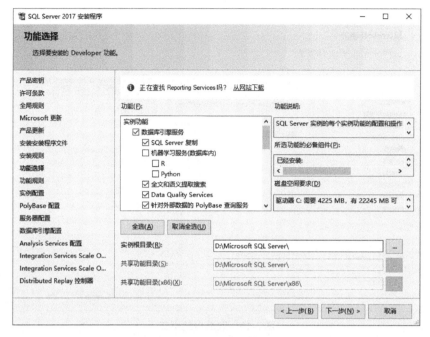

图 2-12　功能选择

10. 实例配置

推荐使用"默认实例"，再单击"下一步"按钮，如图 2-13 所示。

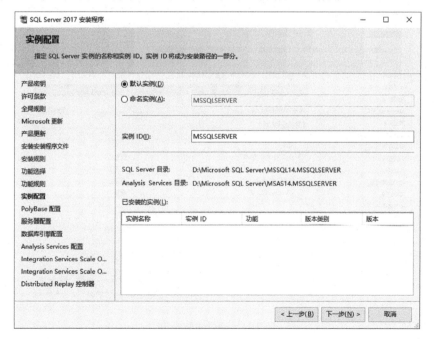

图 2-13　实例配置

11. PolyBase 配置

使用默认配置，再单击"下一步"按钮，如图 2-14 所示。

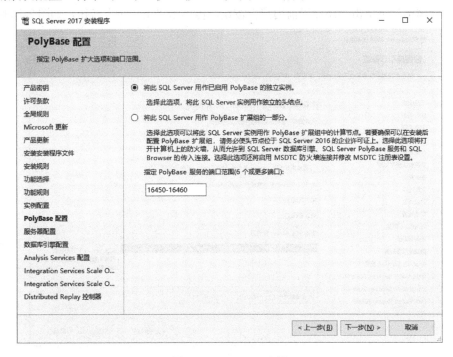

图 2-14　PolyBase 配置

12. 服务器配置

使用默认配置，再单击"下一步"按钮，如图 2-15 所示。

图 2-15　服务器配置

13. 数据库引擎配置

"服务器配置"下的"身份验证模式"选择"Windows 身份验证模式"单选按钮，在"指定 SQL Server 管理员"下单击"添加当前用户"按钮，再单击"下一步"按钮，如图 2-16 所示。

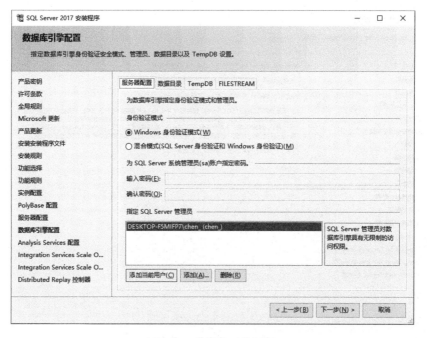

图 2-16 数据库引擎配置

14. Analysis Services 配置

使用默认配置，并单击"添加当前用户"按钮，再单击"下一步"按钮，如图 2-17 所示。

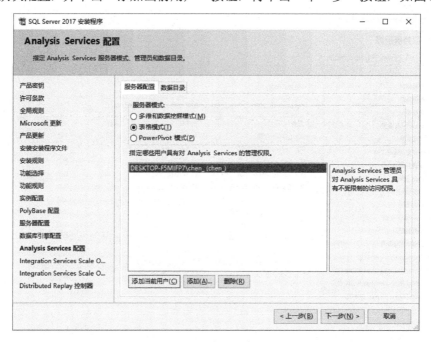

图 2-17 Analysis Services 配置

15．Distributed Replay 控制器

使用默认配置，并单击"添加当前用户"按钮，再单击"下一步"按钮，如图 2-18 所示。

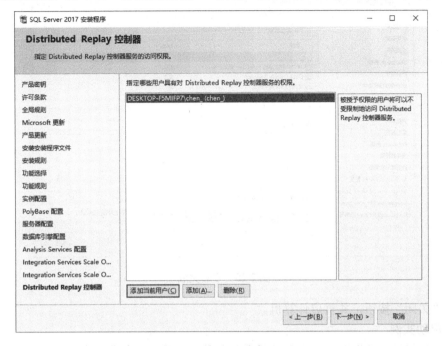

图 2-18　Distributed Replay 控制器

在接下来的界面里，继续单击"下一步"按钮，直到开始安装。

16．安装成功

安装成功，出现安装成功界面，提示需要重启计算机，如图 2-19 和图 2-20 所示。

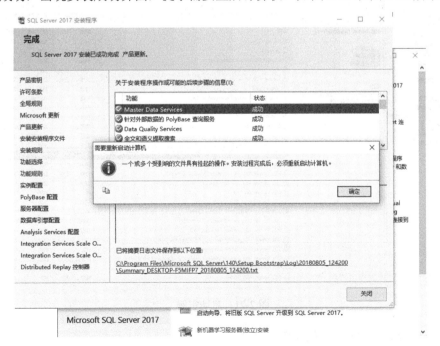

图 2-19　提示需要重启计算机

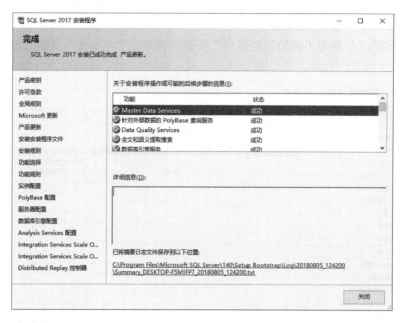

图 2-20　安装完成

单击"关闭"按钮，并重启计算机。

17. 启动实例

打开"计算机管理"工具，进入"服务"页面（或者在命令行里输入 services.msc），选择"SQL Server（MSBOONYA）"，如果 SQLServer 服务没有启动，则右键单击并选择启动，以启动 SQL Server 服务，如图 2-21 所示。

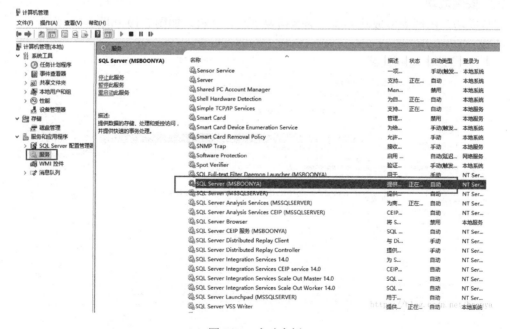

图 2-21　启动实例

至此，SQL Server 2017 安装完毕。

2.3 常用管理工具简介

2.3.1 Microsoft SQL Server Management Studio 简介

Microsoft SQL Server Management Studio 2017，简称 SSMS，是由微软推出的一款数据库管理独立组件，这个版本可以完美兼容 SQL Server 2017，新版本修复了部分问题，添加了新的 Integration Services Scale-out 管理工具，能够完美兼容 Windows 10 操作系统，是数据库管理和编辑的好帮手。

Microsoft SQL Server Management Studio 是一个用于管理 SQL Server 对象的功能齐全的实用工具，其中包含易于使用的图形界面和丰富的脚本撰写功能。Management Studio 可用于管理数据库引擎、Analysis Services、Integration Services 和 Reporting Services。

Microsoft SQL Server Management Studio 将早期版本的 SQL Server 中所包含的企业管理器、查询分析器和 Analysis Manager 功能整合到单一的环境中。此外，Microsoft SQL Server Management Studio 还可以和 SQL Server 的所有组件协同工作，如 Reporting Services、Integration Services、SQL Server 2017 Compact Edition 和 Notification Services。

很多人都把 SSMS 用作查询工具，但其实它的功能要丰富得多。通过 SSMS，可以在单一服务器中运行查询程序，也可以从注册服务器窗口中选择一个文件夹并单击"新的查询"，在多台服务器中进行查询。在同一个文件夹中，查询任务可一次在所有服务器上完成。另外，SSMS 还有调试程序的功能，可以在服务器中逐步调试代码、检查变量并验证路径。注意：不要在生产服务器上使用。

不过，自 SQL Server 2017 开始，SSMS 作为一个独立的组件需要独立安装。

1. 下载管理工具

因为 Microsoft SQL Server Management Studio（简称 SSMS）现在是独立的组件了，所以需要独立安装。SSMS 下载地址：https://docs.microsoft.com/en-us/sql/ssms/download-sql-server-management-studio-ssms；也可以通过扫描二维码访问，如图 2-22 所示。

2. 安装管理工具

运行下载的安装文件，开始安装 SSMS，如图 2-23 所示。

安装完成后，弹出安装完成界面，如图 2-24 所示。

图 2-22　SSMS 下载地址
二维码

图 2-23　SSMS 安装

图 2-24　SSMS 安装完毕

3. 连接 SSMS

在"服务器名称"文本框输入要连接的服务器 IP 地址，如果连接的是本机，也可以输入127.0.0.1。

根据安装时设置的"身份验证"方式，输入"账户名"和"密码"，单击"连接"按钮，如图 2-25 所示。

图 2-25　连接到服务器

4. 完成连接

连接成功，进入 SSMS 管理窗口，如图 2-26、图 2-27 所示。

图 2-26　SSMS 管理窗口

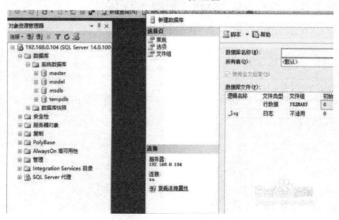

图 2-27　SSMS 管理窗口

2.3.2 SQL Server Profiler 简介

SQL Server Profiler 是用于 SQL 跟踪的图形化实时监视工具，用来监视数据库引擎或分析服务的实例，如图 2-28 所示。通过它可以捕获关于每个数据库事件的数据，并将其保存到文件或表中供以后分析，如死锁的数量、致命的错误、跟踪 Transact-SQL 语句和存储过程。

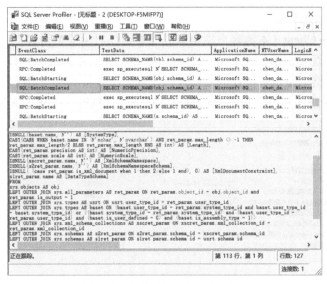

图 2-28 SQL Server Profiler 窗口

2.3.3 SQL Server 配置管理器

SQL Server 配置管理器（简称为配置管理器）统一包含了 SQL Server 2017 服务、SQL Server 2017 网络配置和 SQL Native Client 配置三个工具，供数据库管理人员做服务启动/停止与监控、服务器端支持的网络协议，以及用户访问 SQL Server 的网络相关设置等工作。

SQL Server 配置管理器的配置内容如下。

1. 配置服务

首先打开"SQL Server 配置管理器"，查看列出的与 SQL Server 相关的服务，选择一个并右击选择"属性"命令进行配置，如图 2-29 所示。在"登录"选项卡中设置服务的登录身份，即是使用本地系统账户还是指定的账户。

图 2-29 SQL Server 服务配置管理器窗口

切换到"服务"选项卡可以设置 SQL Server（MSSQLSERVER）服务的启动模式，可用选项有"自动""手动""禁用"，用户可以根据需要进行更改。

2. 网络配置

SQL Server 能使用多种协议，包括 Shared Memory. Named Pipes、TCP/IP 和 VIA。所有协议都有独立的服务器和客户端配置。通过 SQL Server 网络配置可以为每一个服务器实例独立地设置网络配置。

3. 本地客户端协议配置

通过 SQL Native Client（本地客户端协议）配置可以启用或禁用客户端应用程序使用的协议。查看客户端协议配置情况的方法是在图 2-30 所示的窗口中展开"SQL Native Client 11.0 配置"结点，在信息窗格中显示了协议的名称及客户端尝试连接到服务器时尝试使用的协议的顺序。用户还可以查看协议是否已启用或已禁用（状态）并获得有关协议文件的详细信息。

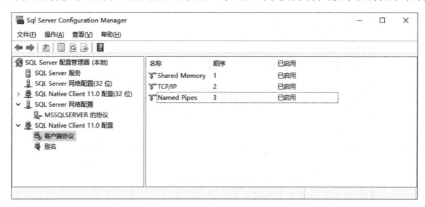

图 2-30　本地客户端协议配置窗口

2.3.4　Reporting Services 配置管理器

SQL Server 2017 Reporting Services 配置管理器提供报表服务器配置的统一查看、设置与管理方式。使用此窗口可查看目前所连接的报表服务器实例的相关信息。报表服务器数据库存储了报表定义、报表模型、共用数据来源、资源及服务器管理的元数据。报表服务器实例通过 XML 格式的设置文件存储对该数据库的连接方式。这些设置在报表服务器安装过程中创建，事后可使用报表服务器配置管理器工具修改报表服务器安装之后的相关设置。

2.3.5　命令提示实用工具

除上述的图形化管理工具外，SQL Server 2017 还提供了大量的命令行实用工具，包括 bcp、dtexec、dtutil、rsconfig、sqlcmd、sqlwb 和 tablediff 等，下面对它们进行简要说明。

bcp 实用工具可以在 SQL Server 2017 实例和用户指定格式的数据文件之间进行大容量的数据复制。也就是说，使用 bcp 实用工具可以将大量数据导入 SQL Server 2017 数据表中，或者将表中的数据导出到数据文件中。

dtexec 实用工具用于配置和执行 SQL Server 2017 Integration Services（SSIS）包。用户使用 dtexec 可以访问所有 SSIS 包的配置信息和执行功能，这些信息包括连接、属性、变量、日志和进度指示器等。

dtutil 实用工具的作用类似于 dtexec，也是执行与 SSIS 包有关的操作的。但是，该工具主要用于管理 SSIS 包，包括验证包的存在性及对包进行复制、移动、删除等操作。

rsconfig 实用工具是与报表服务器相关的工具，可以用来对报表服务器的连接进行管理。例如，该工具可以在 RSReportServer.config 文件中加密并存储连接和账户，确保报表服务器可以安全地运行。

sqlcmd 实用工具提供了在命令提示符窗口中输入 Transact-SQL 语句、系统过程和脚本文件的功能。实际上，该工具是作为 osql 和 isql 的替代工具而新增的，它通过 OLE DB 与服务器进行通信。

sqlwb 实用工具可以在命令提示符窗口中打开 SQL Server Management Studio，并且可以与服务器建立连接，打开查询、脚本、文件、项目和解决方案等。

tablediff 实用工具用于比较两个表中的数据是否一致，对于排除复制中出现的故障非常有用，用户可以在命令提示窗口中使用该工具执行比较任务。

2.4 小结

本章介绍了 SQL Server 2017 及其新功能；讲述了 SQL Server 2017 的安装软/硬件要求、安装过程和常用管理工具的安装。重点讲解了 SQL Server 2017 的安装过程，以及 SSMS 的安装和使用。

读者应该通过本章的学习了解 SQL Server 2017 的新功能，了解各版本之间的区别及软/硬件要求；掌握 SQL Server 2017 及 SSMS 的安装；了解常用管理工具的使用。

2.5 课后练习

一、选择题

1. Microsoft 公司的 SQL Server 2017 数据库管理系统一般能运行于（   ）。

A．Windows 平台 B．UNIX 平台 C．LINX 平台 D．NetWare 平台

2. 当采用 Windows 认证方式登录数据库服务器时，SQL Server 2017 客户端软件会向操作系统请求一个（   ）。

A．信任连接 B．邮件集成 C．并发控制 D．数据转换服务

3. 以下对 SQL Server 2017 描述不正确的是（   ）。

A．支持 XML B．支持用户自定义函数
C．支持邮件集成 D．支持网状数据模型

4. 如果在 SQL Server 2017 上运行一个非常大的数据库，为取得较好效果应选用安装（   ）。

A．企业版 B．标准版 C．个人版 D．开发版

5. 提高 SQL Server 2017 性能的最佳方法之一是（   ）。

A．增大硬盘空间 B．增加内存
C．减少数据量 D．采用高分辨率显示器

6．如果希望完全安装 SQL Server 2017，则应选择（   ）。

A．典型安装　　　　　B．最小安装　　　　　C．自定义安装　　　　D．仅连接

7．要想使 SQL Server 2017 数据库管理系统开始工作，必须首先启动（   ）。

A．SQL Server 服务器　　　　　　　　　B．查询分析器

C．网络实用工具　　　　　　　　　　　D．数据导入和导出程序

8．用于配置客户端网络连接的工具是（   ）。

A．企业管理器　　　　　　　　　　　　B．客户端网络实用工具

C．查询分析器　　　　　　　　　　　　D．联机帮助文档

二、简答题

1．SQL Server 2017 各版本之间有什么区别？

2．SQL Server 2017 有哪些新功能？

3．SQL Server 2017 有哪些命令提示工具？

4．SQL Server 配置管理器的配置内容有哪些？

三、操作题

1．在自己的计算机上安装 SQL Server 2017 及 Microsoft SQL Server Management Studio。

2．了解 SSMS 界面的组成。

创建与管理数据库

数据库的创建和管理是数据库逻辑设计的物理实现过程，是实施数据库应用系统的第一步。SQL Server 数据库是由表的集合组成的。这些表中存储了结构化的数据及为执行数据而定义的各类对象。本章介绍数据库的创建和管理、备份和还原。

3.1 SQL Server 2017 数据库概述

3.1.1 数据库的常用对象

在 SQL Server 2017 中，数据库中的表、索引、视图、存储过程触发器、用户和角色等具体存储数据或对数据进行操作的实体都被称为数据库对象。

1. 表

表（也称为数据表）是包含数据库中所有数据的数据库对象，它由行和列组成，用于组织和存储数据，每一行称为一条记录。

2. 索引

索引是一个单独的数据结构，它是依赖于表建立的，不能脱离关联表而单独存在。在数据库中索引使数据库应用程序无须对整个表进行扫描就可以在其中找到所需的数据，从而可以加快查找数据的速度。

3. 视图

视图是从一个或多个表中导出的表（也称虚拟表），是用户查看数据表中数据的一种方式。视图的结构和数据建立在对表的查询基础之上。在数据库中并不存放视图的数据，只存放其查询定义，在打开视图时需要执行其查询定义产生相应的数据。

4. 存储过程

存储过程是一组为了完成特定功能的 SQL 语句集合（包含查询、插入、删除和更新等操作），经编译后以名称的形式存储在 SQL Server 2017 服务器端的数据库中，由用户通过指定存储过程的名称来执行。当这个存储过程被调用执行时，其包含的操作也会同时执行。

5. 触发器

触发器是一种特殊类型的存储过程，它能够在某个规定的事件发生时触发执行。触发器通常可以强制执行一定的业务规则，以保持数据完整性、检查数据的有效性，同时实现数据库的管理任务和一些附加的功能。

6. 用户和角色

用户是指对数据库具有一定管理权限的使用者，而角色则是一组具有相同权限的用户集合。数据库中的用户和角色可以根据需要进行添加和删除，当将某一个用户添加到角色中时，该用户就具有角色的所有权限。

3.1.2 文件和文件组

SQL Server 2017 数据库主要由文件和文件组组成。数据库中的所有数据和对象都被存储在文件中。SQL Server 2017 将数据库映射为一组操作系统文件。数据和日志信息绝不会混合在同一个文件中，而且一个文件只由一个数据库使用。文件组是命名的文件集合，用于帮助数据布局和管理任务，如备份和还原操作。

1. 文件

SQL Server 数据库具有三种类型的文件。

（1）主数据文件，用来存储数据库的启动信息、部分或全部数据。实际的主数据文件都有两种名称：操作系统文件名和逻辑文件名，主数据文件扩展名为.mdf。

每个数据库只能有一个主数据文件。

（2）次要数据文件，用于保存所有主数据文件中容纳不下的数据，可以扩展存储空间。一个数据库可以没有次要数据文件，也可以有多个次要数据文件，次要数据文件扩展名为.ndf。

（3）日志文件，用来存放数据库的事务日志。凡是对数据库进行的增、删、改等操作，都会记录在事务日志文件中，日志文件扩展名为.ldf。

2. 文件组

主文件组包含主数据文件和任何没有明确分配给其他文件组的其他文件。系统表都分配在主文件组中。

每个数据库中均有一个文件组被指定为默认文件组。如果创建表或索引时未指定文件组，则将所有表或索引都从默认文件组分配。一次只能有一个文件组作为默认文件组。如果没有指定默认文件组，则将主文件组作为默认文件组。

创建文件组，需要遵循以下原则：

① 一个文件或文件组只能被一个数据库使用。

② 一个文件只能属于一个文件组。

③ 数据和事务日志不能共存于同一个文件或文件组上。

④ 日志文件不能属于文件组。

3.1.3 系统数据库

SQL Server 2017 的安装程序在安装时默认建立 5 个系统数据库：master、model、msdb、resource、tempdb。

1. master 数据库

master 数据库记录 SQL Server 2017 系统的所有系统级信息，包括实例范围的元数据（如登录账户）、端点、连接服务器和系统配置设置。此外，master 数据库还记录了所有其他数据库的存在、数据库文件的位置及 SQL Server 2017 的初始化信息。因此，如果 master 数据库不可用，则 SQL Server 2017 无法启动。

2. model 数据库

model 数据库用作 SQL Server 2017 实例上创建的所有数据库的模板。对 model 数据库进行的修改（如数据库大小、排序规则、恢复模式和其他数据库选项）将应用于以后创建的所有数据库。

3. msdb 数据库

msdb 数据库由 SQL Server 2017 代理用于计划警报和作业，也可以由其他功能（如 Service Broker 和数据库邮件）使用。

4. resource 数据库

resource 数据库为只读数据库，它包含了 SQL Server 2017 中的所有系统对象，不包含用户数据或用户元数据。

5. tempdb 数据库

tempdb 数据库是一个临时数据库，用于保存临时对象或中间结果集。

3.2 创建数据库

3.2.1 在管理控制台中创建数据库

通过管理控制台（SQL Server Management Studio，SSMS）可以创建数据库，用于存储数据及其对象。

【例 3-1】 为方便学生信息、成绩信息的管理等，现在需要创建一个新的数据库 Student。

步骤 1：选择"开始"→"所有程序"→"Microsoft SQL Server 2017"→"Microsoft SQL Server Management Studio"，即可启动 Microsoft SQL Server Management Studio 程序，弹出"连接到服务器"对话框，如图 3-1 所示。

图 3-1　SSMS 登录界面

步骤 2：在"对象资源管理器"中，右键单击"数据库"选项，在弹出的快捷菜单中选择"新建数据库"，如图 3-2 所示。

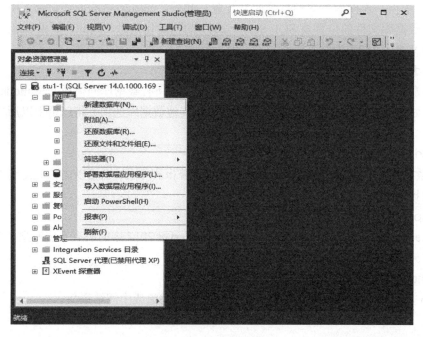

图 3-2　对象资源管理器

步骤 3：进入"新建数据库"对话框，其中包括"常规"、"选项"和"文件组"三个选择页，可以通过这三个选择页来设置新创建的数据库，如图 3-3 所示。

图 3-3　"新建数据库"对话框

步骤4：用鼠标选中"自动增长/最大大小"列中的设置按钮，在弹出的"更改自动增长"对话框中可以设置文件的增长方式，还可以设置数据库文件是否可以根据需要自动增长，如图3-4所示。

步骤5：用鼠标选中"路径"列中的设置按钮，在弹出的"定位文件夹-stu1-1"对话框中可以设置文件存储的物理位置，在此可以选择用户自定义目录，如图3-5所示。

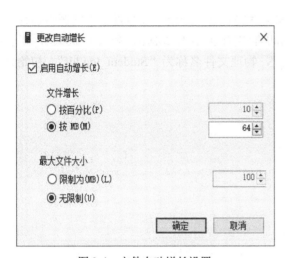

图3-4　文件自动增长设置

图3-5　选择文件夹

3.2.2　使用 T-SQL 创建数据库

创建数据库 CREATE 的基本语句格式如下：

```
CREATE DATABASE 数据库名称
[on <数据文件>}
([NAME=<逻辑名称>,]
FLLENAME='<物理文件名称>'
[,SIZE=<大小>]
[,MAXSIZE=<可增长的最大大小>]
['FLLEGROUP=<增长比例>]
)
[LOG ON <日志文件>
([NAME=<日志文件逻辑名称>,]
FLLENAME ='<日志文件物理文件名称>'
[,SIZE =<大小>]
[ , MAXSIZE=<增长比例>]
[,FLLENAME =<增长比例>]
)
```

参数说明：

LOG ON：用于指定数据库中的日志文件。
NAME：用于指定数据文件或日志文件的逻辑名称。
FILENAME：用于指定数据文件或日志文件的存放路径和物理文件名称。

【例 3-2】 创建数据库到指定位置 D:\data 中，并指定数据库主要数据文件的逻辑名称为"Student_dat"，物理文件名称为"Student.mdf"。

```
CREATE DATABASE Student
ON
( NAME = Student_dat,
FILENAME = 'd:\data\Student.mdf ' )
```

【例 3-3】 进一步考虑到文件的增长和日志文件的管理，指定主要数据文件的逻辑名称为"Student_dat"，物理文件名称为"Student_dat.mdf"，初始大小为 20MB，最大为 60MB，增长为 5MB；日志文件的逻辑名称为"Student_log"，物理文件名称为"Student_log.ldf"，初始大小为 5MB，最大为 25MB，增长为 5MB。

```
CREATE DATABASE Student
ON
( NAME = Student_dat,
    FILENAME = 'd: \data\Student_dat.mdf ',
    SIZE =20,
    MAXSIZE = 60,
FILEGROWTH = 5 )
LOG ON
( NAME = ' Student_log ',
    FILENAME = 'd:\data\ Student_log.ldf ',
    SIZE = 5MB,
    MAXSIZE = 25MB,
    FILEGROWTH = 5MB )
```

3.3 管理数据库

3.3.1 使用 T-SQL 修改数据库

使用 ALTER DATABASE 命令可以在数据库中添加或删除文件和文件组，也可以更改文件和文件组的属性，如更改文件的名称和大小。ALTER DATABASE 提供了更改数据库名称、文件组名称及数据文件和日志文件的逻辑名称的能力，但不能改变数据库的存储位置。

【例 3-4】 根据实际需要，考虑到数据的存储和访问速度，要求在已创建的数据库 Student 中增加一个次要文件来保存相关数据，其逻辑名称为"Student_dat2"，物理文件名称为"Student_dat2.ndf"，初始大小为 5MB，最大为 100MB，增长为 5MB。

```
ALTER DATABASE Student
ADD FILE
```

```
(
    NAME = Student_dat2,
    FILENAME = ' d:\Data\ Student_dat2.ndf',
    SIZE = 5MB,
    MAXSIZE = 100 MB,
    FILEGROWTH = 5MB
)
```

【例 3-5】 考虑到实际应用中可能不再需要 Student 数据库中的 Student_dat2 文件,现在把它从 Student 数据库中删除。

```
ALTER DATABASE Student
REMOVE FILE Student_dat2
```

总结出修改数据库的基本语句格式如下:

```
ALTER DATABASE <数据库名称>
| ADD FILE   <数据文件>
| ADD LOG FILE   <日志文件>
| REMOVE   FILE   <逻辑名称>
| ADD FILEGROUP   <文件组名称>
| REMOVE FILEGROUP   <文件组名称>
| MODIFY FILE   <文件名称>
| MODFIFY NAME   <新数据库名称>
| MODIFY FILEGROUP   <文件组名称>
| SET   <选项>
```

参数说明:

ADD FILEGROUP:用于添加文件组。

REMOVE FILEGROUP:用于删除文件组。

MODIEY FILEGROUP:用于修改文件组的属性和名称。

{READ_ONLY|READ_WRUTE}用于指定文件组只读或允许更新文件组中的对象;DEFAULT 用于指定文件组为默认文件组;NAME=new_filegroup_name 用于更新文件组名称,new_filegroup_name 用于修改后的文件组名称。

ADD FILE:用于添加数据文件。TO FILEGROUP 用于指定添加数据文件到指定的文件组,未指定该选项时则表明将添加数据文件到默认文件组。

3.3.2 使用 T-SQL 删除数据库

【例 3-6】 删除数据库 Student。

```
DROP DATABASE Student
```

删除数据库的基本语句格式如下:

```
DROP DATABASE   <数据库名称>
```

3.4 备份与还原数据库

3.4.1 通过备份文件备份与还原数据库

1. 备份数据库

步骤 1：在 Solution1-Microsoft SQL Server Management Studio 的"对象资源管理器"窗口，右击"SYSDB"数据库对象，在弹出的快捷菜单中选择"任务"→"备份"选项，如图 3-6 所示。打开"备份数据库-SYSDB"对话框，如图 3-7 所示。

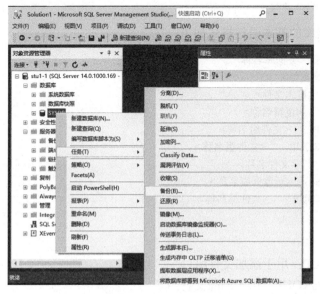

图 3-6 "备份"选项

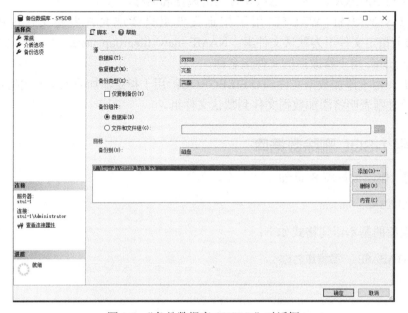

图 3-7 "备份数据库-SYSDB"对话框

步骤 2：在“备份数据库-SYSDB”对话框中，选择“备份类型”为“完整”，“备份组件”为“数据库”。在备份的“目标”中，有一个默认备份文件，可以单击“删除”按钮将默认备份目标文件删除，再单击“添加”按钮，打开“选择备份目标”对话框，如图 3-8 所示。

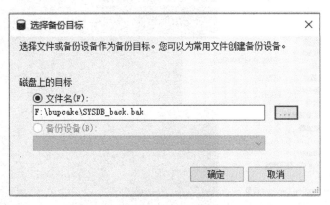

图 3-8 “选择备份目标”对话框

在“选择备份目标”对话框中，“磁盘上的目标”选择“文件名”单选按钮表示备份到某个物理文件中。

单击“文件名”下面的按钮 ，打开“定位数据库文件”对话框选择文件存放目标，本例路径 F:\bupcake；或在“文件名”下面的文本框输入备份文件名 SYSDB_back.bak，设置效果如图 3-8 所示。

【注意】 在备份物理文件名称时往往会加上扩展名.bak。

设置完成后弹出备份成功提示对话框，如图 3-9 所示。

图 3-9 备份成功

2. 通过备份文件还原数据库

步骤 1：在 SQL Server Management Studio 的“对象资源管理器”窗口，右键单击“系统数据库”，在弹出的快捷菜单中选择“还原数据库”选项，如图 3-10 所示。打开“还原数据库”对话框，如图 3-11 所示。

步骤 2：在“还原数据库”对话框中，选中“源”下面的“设备”单选按钮，再单击“设备”后面的按钮，打开“选择备份设备”对话框。

单击“添加”按钮，选择备份文件到“备份介质”中，如图 3-12 所示。

设置完成后弹出还原成功提示对话框，如图 3-13 所示。

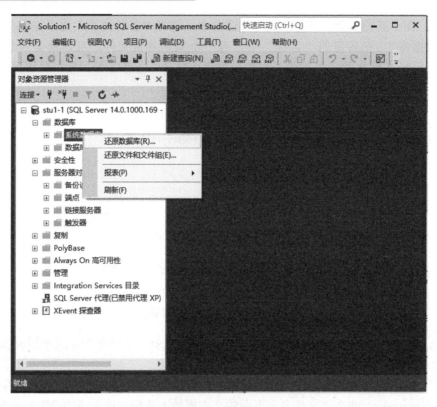

图 3-10　还原数据库

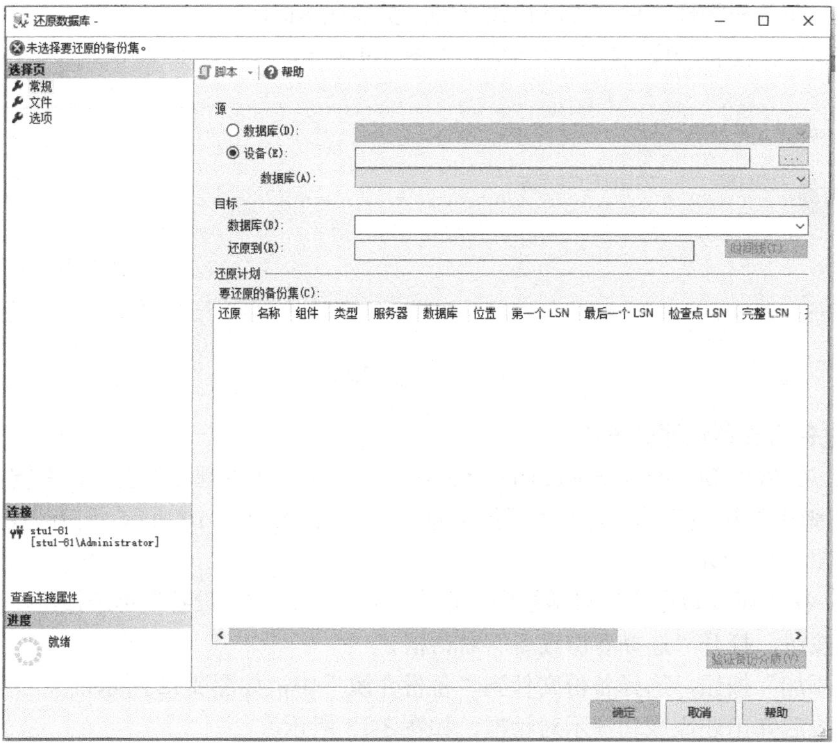

图 3-11　"还原数据库"对话框

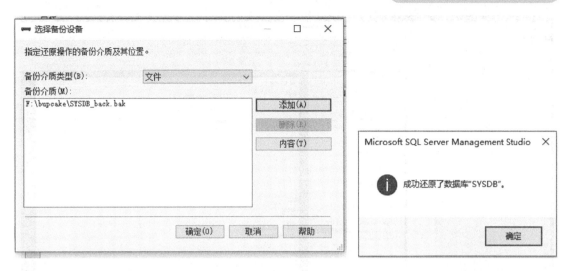

图 3-12 "选择备份设备"对话框

图 3-13 还原成功

3.4.2 通过备份设备备份与还原数据库

1. 通过备份设备备份数据库

步骤 1：在创建完数据库的基础上。打开"对象资源管理器"→"服务器对象"→右击"备份设备"→"新建备份设备"，如图 3-14 所示。

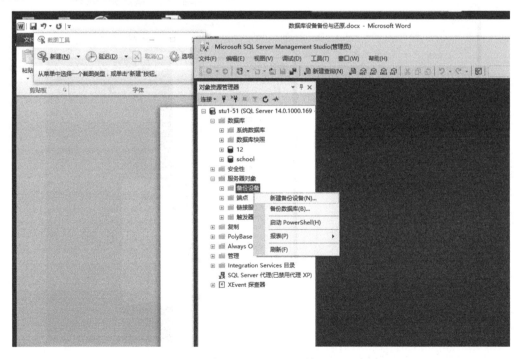

图 3-14 创建备份设备

步骤 2：在弹出的"备份设备"对话框中，输入"设备名称"，选择目标文件的保存位置，单击"确定"按钮，完成备份设备，如图 3-15 所示。

图 3-15　保存备份设备

步骤 3：完成备份设备的创建后，右键单击所创建的备份设备，选择"备份数据库"选项，如图 3-16 所示。

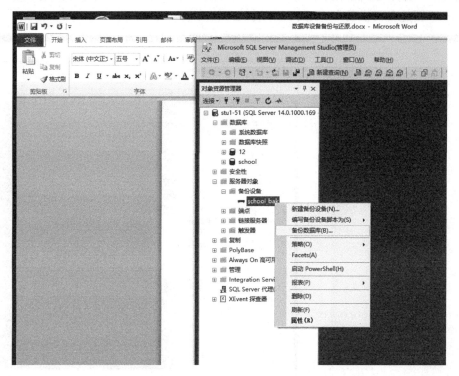

图 3-16　备份数据库

步骤 4：打开"备份数据库"对话框，在"源"下的"数据库"框中选择所要备份的数据库"school"，如图 3-17 所示。单击"确定"按钮，如图 3-18 所示。

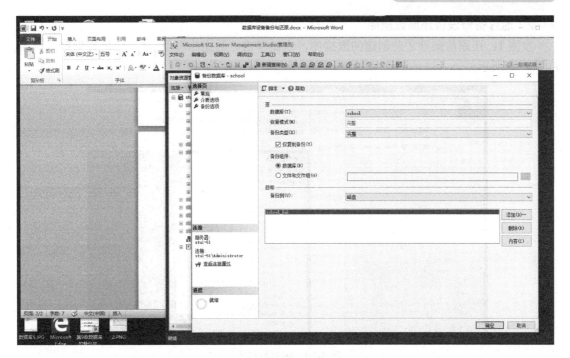

图 3-17　"备份数据库"对话框

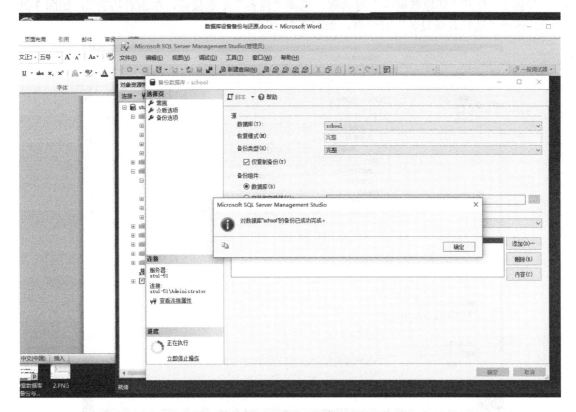

图 3-18　完成备份设备备份数据库

数据库应用技术基础（SQL Server 2017）

2. 通过备份设备还原数据库

步骤1：还原前删除之前创建的数据库，右键单击"数据库"，选择"还原数据库"选项，如图3-19所示。

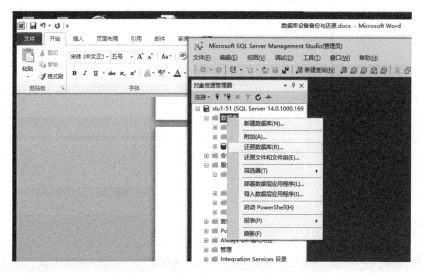

图3-19　还原数据库

步骤2：打开"还原数据库"对话框，选择"设备"单选按钮，单击右边的...，如图3-20所示。弹出"选择备份设备"对话框，如图3-21所示。

图3-20　"还原数据库"对话框

图 3-21　"选择备份设备"对话框

步骤 3：单击"添加"按钮，选择所创建的"备份设备"，单击"确定"按钮，再单击"确定"按钮，如图 3-22、图 3-23 所示。

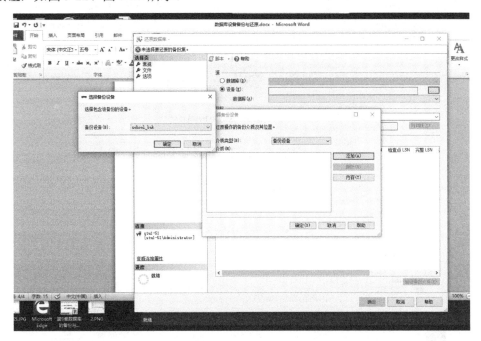

图 3-22　添加"备份设备"

图 3-23　添加完成

步骤 4：再单击"确定"按钮，还原成功，如图 3-24 所示。

图 3-24　还原成功

3.5 小结

创建及管理数据库是非常重要的工作。本章着重介绍了数据库的创建方式及数据库的备份和还原等操作。数据库的备份操作是数据库处于正常使用状态下的常规操作，而数据库还原操作往往是数据库在异常环境下的一项操作。

3.6 课后练习

一、填空题

1. SQL Server 2017 有 model 数据库、_____数据库、_____数据库、_____数据库、_____数据库 5 种系统数据库。

2. SQL Server 2017 的文件包括：数据文件（.mdf 或.ndf）和_____。

3. 在 SQL Server 2017 数据库文件中，_____有且仅有一个，是数据库和其他数据文件的起点。

二、选择题

1. SQL Server 2017 默认创建 5 个系统数据库，下列（　　）不是系统数据库。

A．master　　　　　　B．model　　　　　　C．pub　　　　　　D．msdb

2. 在使用 CREATE DATABASE 命令创建数据库时，FILENAME 选项定义的是（　　）。

A．文件增长量　　　B．文件大小　　　C．逻辑名　　　D．物理文件名

3. 下列（　　）不是 sql 数据库文件的后缀。

A．.mdf　　　　　　B．.ldf　　　　　　C．.dbf　　　　　　D．.ndf

4. 在 SQL Server 中，model 是（　　）。

A．数据库系统表　　　　　　　　B．数据库模板

C．临时数据库　　　　　　　　　D．示例数据库

三、简答题

1. 什么是数据库备份和恢复？为什么要备份和恢复数据库？

2. 写出在数据库中添加或删除文件的 T-SQL 语句的语法格式。

四、操作题

使用 T-SQL 语句建立 Wolf 数据库。

参　　数	参　数　值
数据库名	Wolf
逻辑数据文件名	wolf_dat
操作系统数据文件名	D:\test\wolf_dat.mdf
数据文件的初始大小	4MB
数据文件的最大大小	10MB
数据文件增长幅度	15%

续表

参　　数	参　数　值
逻辑数据文件名	wolf_dat1
操作系统数据文件名	D:\test\wolf_dat1.ndf
数据文件的初始大小	3MB
数据文件的最大大小	30MB
日志逻辑文件名	wolf_log
操作系统日志文件名	D:\test\wolf_log.ldf
日志文件初始大小	1MB
日志文件增长幅度	10%

第4章

创建与管理数据表

在数据库中表是实际存储数据的地方，其他的数据对象，如索引、视图等依附于表对象而存在。所以创建和管理表是最基本、最重要的操作。本单元介绍表的创建和管理。在 SQL Server 2017 中，创建和管理表可使用 SSMS 的图形工具来完成，也可编写执行 SQL 语句实现。

4.1 SQL Server 2017 数据类型

4.1.1 数值型数据类型

数值型数据类型的列可以保存数据。根据数值的精度，数值型数据类型可以分为精确数值数据类型和近似数值数据类型两大类。

1. 精确数值数据类型

精确数值数据类型又可以分为整型数据类型与十进制数据类型两大类，如表 4-1 所示。

表 4-1　精确数值数据类型

类　型	数据类型	范　围	存储大小
整型数据类型	bit	0 或 1 的整型数字	不定
	bigbit	$-2^{63} \sim 2^{63}-1$ 的整型数字	8B
	int	$-2^{31} \sim 2^{31}-1$ 的整型数字	4B
	smallint	$-2^{15} \sim 2^{15}-1$ 的整型数字	2B
	tinyint	0~255 的整型数字	1B
十进制数据类型	decimal	$-10^{38} \sim 10^{38}-1$ 的定精度与有效位数的数字	5~17B

1）整型数据类型

int 数据类型是 SQL Server 2017 中的主要整数数据类型。bigint 数据类型用于整数值可能超过 int 数据类型支持范围的情况。

该数据类型优先汉序表中，bigin 介于 smallint 和 int 之间。只有当参数表达式为 bigint 数据类型时，函数才返回 bigint。

2）十进制数据类型

decimal (p，s)和 numeric (p,s)表示带固定精度和小数位数的数值数据类型。numeric 在功能上等价于 decimal。

p（精度）表示最多可以存储的十进制数字的总位数，包括小数点左边和右边的位数。该精度必须是从 1 到最大精度 38 之间的值，默认精度为 18。

s（小数位数）表示小数点右边可以存储的十进制数字的最大位数。小数位数必须是从 0 到 p 之间的值，默认的小数位数为 0。

2. 近似数值数据类型

近似数值数据类型是指没有精确数值的数据类型，包括 real 和 float。

4.1.2　字符型数据类型

SQL Server 2017 系统提供了 3 种字符型数据类型：char、varchar 和 text。

char[(n)]：固定长度，非 Unicode 字符数据，长度为 n 个字节。n 的取值范围在 1～8 000 之间，存储大小是 n 个字节。在列数据项的大小一致时使用。

varchar[(n|max)]：可变长度，非 Unicode 字符数据。n 的取值范围在 1～8 000 之间。max 表示最大存储大小是 $2^{31}-1$ 个字节。在列数据项的大小差异很大时使用。如果列数据项大小相差很大，而且大小可能超过 8 000 字节时，使用 varchar(max)。

text：服务器代码页中长度可变的非 Unicode 字符数据，最大长度为 $2^{31}-1$ 个字节。

4.1.3　日期和时间型数据类型

SQL Server 2017 中，除了 date、time、datetime 和 smalldatetime 之外，又新增了两种时间类型：datetime2 和 datetimeoffset.

datetime：该数据类型把日期和时间部分作为一个单列值存储在一起，支持日期从 1753 年 1 月 1 日到 9999 年 12 月 31 日，时间部分的精确度是 3.33ms，需要 8 个字节的存储空间。

smalldatetime：该数据类型与 datetime 相比，支持更小的日期和时间范围。支持日期从 1900 年 1 月 1 日到 2079 年 6 月 6 日，时间部分只能够精确到分钟，需要 4 个字节的存储空间。

date：该数据类型允许只存储一个日期值，支持的日期范围从 1 年 1 月 1 日到 9999 年 12 月 31 日，存储 date 数据类型需要 3 个字节的存储空间，如果只需要存储日期值而没有时间，使用 date 可以比 smalldatetime 节省一个字节的磁盘空间。

time：如果想要存储一个特定的时间信息而不涉及具体的日期时，该数据类型非常有用。time 数据类型存储使用 24 小时制，它并不关心时区，支持高达 100ns 的精确度。

datetime2：支持日期从 0001 年 1 月 1 日到 9999 年 1 月 1 日，时间部分的精度是 100 纳秒，占用 6～8 字节的存储空间，取决于存储的精度。

datetimeoffset：该数据类型要求存储的日期和时间（24 小时制）是时区一致的。时间部分能够支持高达 100ns 的精确度。

4.1.4　货币型数据类型

货币型数据表示货币值，有 money 和 smallmoney。money 数据类型存储大小为 8 个字节，smallmoney 数据类型存储大小为 4 个字节。

4.1.5　二进制数据类型

二进制数据类型用于存储二进制数据，包括 3 种类型：image、binary 和 varbinary。

image：长度可变的二进制数据，可以存储从 $0\sim2^{31}-1$ 个字节。

binary[(n)]：长度为 n 个字节的固定长度进制数据。其中，n 的取值范围在 $1\sim8\,000$ 之间。存储大小为 n 个字节。此数据类型在列数据项的大小一致时使用。

varbinaryl(n|max))：可变长度二进制数据。n 的取值范围在 $1\sim8\,000$ 之间。max 表示最大存储大小为 $2^{31}-1$ 个字节。存储大小为所输入数据的实际长度加 2 个字节。所输入数据的长度可以是 0 字节。在此数据类型在列数据项的大小差异很大时使用。

4.1.6　SQL Server 2017 自定义数据类型

系统存储过程 sp_addtype 为用户提供了 T_SQL 语句创建自定义数据类型的途径，其语法形式如下：

```
sp_addtype [@typename=] type,
[@phystype=] system_data_type
[, [@nulltype=] 'null_type']
[, [@owner=] 'owner_name']
```

【例 4-1】　自定义一个地址数据类型。

```
exec sp_addtype address, 'varchar(80)', 'not null'
```

4.2　创建数据表

在一个数据库中需要包含各个方面的数据，所以在设计数据库时，首先要确定什么样的表，各表中都应该包含哪些数据及各表之间的关系和存取权限等，这个过程称为创建表。在创建表时需要确定的项目如下：

（1）表的名字，每个表都必须有一个名字。表名必须遵循 SQL Server 2017 的命名规则，且最好能够使表名准确表达表格的内容。

（2）表中各列的名字和数据类型，包括基本数据类型及自定义数据类型。每列采用能反映其实际意义的字段名。

（3）表中的列是否允许空值。

（4）表中的列是否需要约束、默认设置或规则。

（5）表是否需要约束。

（6）表所需要的索引的类型和需要建立索引的列。

（7）表间的关系，即确定哪些列是主键，哪些列是外键。

在为各个字段和关系进行命名时注意以下两点：

（1）采用有意义的字段名，尽可能地把字段描述得清楚一些。

（2）采用前缀命名，如果多个表里有许多同一类型的字段，不妨用特定表的前缀来帮助标识字段。

4.2.1　使用 SSMS 创建数据表

1. 创建数据表

【例 4-2】 根据数据库的设计，要将学生相关信息存放在 tbStudent 表中，需要在 SYSDB 数据库中创建学生信息表 tbStudent。

步骤 1：启动 SQL Server Management Studio，在"对象资源管理器"中的"数据库"→"SYSDB"下，右键单击"表"，在弹出的快捷菜单中选择"新建"命令，再选择"表"命令，如图 4-1 所示。

图 4-1　新建表

步骤 2：在表设计器的"列名"下输入 tbStudent 表的所有列名。在"数据类型"列下，选择相应的数据类型。在"允许 Null 值"列下，设置各个列是否允许为空，打"勾"表示运行为空，如图 4-2 所示。

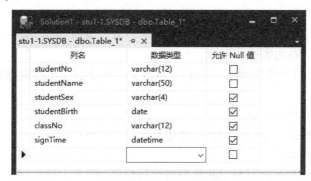

图 4-2　**tbStudent** 表设计器

步骤 3：在表设计器右下半部分的"列属性"栏指定列的详细属性，包括输入表是否自动增长等补充信息，如图 4-3 所示。

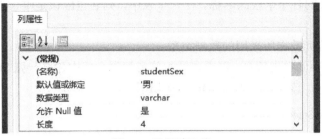

图 4-3 设置默认值

2. 修改表结构

在数据库中修改 tbStudent 表结构的步骤如下：

（1）启动 SQL Server Management Studio，在"对象资源管理器"中依次展开"数据库"→"SYSDB"→"表"→"Student"。

（2）在 Student 表上单击右键，在弹出的快捷菜单中选择"插入列"命令，如图 4-4 所示。

图 4-4 插入列

（3）在窗口右上部分中，可以添加"列名""数据类型"等信息。

（4）内容修改完后，单击"保存"按钮，完成修改。

4.2.2 使用 T-SQL 创建数据表

使用 T-SQL 语句创建数据表的基本语句格式如下：

```
CREATE TABLE <表名>
(
    <字段名 1>  <数据类型及长度>,
    <字段名 2>  <数据类型及长度>,
    <……>   <……>,
    <字段名 n>  <数据类型及长度>
)
```

【注意】

表名：要建立的表名是符合命名规则的任意字符。在同一数据库中表名应该是唯一的。

字段名：组成表的各个字段的名称。在一个表中，列名也应该是唯一的，而不同的表中允许相同的列名。

数据类型：对应列数据所采用的数据类型。

【例 4-3】 为了存储学生信息，需要在学生信息管理系统中建立一张"tbStudent_back"表，表的结构如【例 4-2】，该操作使用 T-SQL 语句如下：

```
CREATE TABLE tbStudent_back
(
studentNo varchar (12)    not null primary key ,
studentName varchar(50) not null,
studentSex varchar(4),
studentBirth date null default getdate(),
classNo varchar(12),
signTime datetime     null default getdate()
)
```

4.3 管理数据表

4.3.1 修改表结构

1. 添加列

【例 4-4】 要了解学生所在的年级，需要在 tbStudent_back 表中添加 Sgrade 字段，其类型为 char，长度为 4。该操作使用 T-SQL 语句完成如下：

```
ALTER TABLE tbStudent_back    ADD Sgrade char(4)
```

2. 修改列

【例 4-5】 考虑到其学号的类型长度有些不适宜，需要将长度更改为 10，类型为 char。

```
ALTER TABLE tbStudent_back ALTER COLUMN studentNo    char(10)
```

3. 删除列

【例 4-6】 由于系统需求的变更，要把【例 4-4】添加的 Sgrade 字段删除。

```
ALTER TABLE tbStudent_back    DROP COLUMN Sgrade
```

4.3.2 删除表

使用 DROP TABLE 可以删除表，其基本语句格式如下：

```
DROP TABLE[表名]
```

参数含义：表名是指要删除表的名称。

【例 4-7】 删除表 tbStudent_back。

```
DROP TABLE tbStudent_back
```

该语句一旦执行，表中的数据及在此表上建立的约束、索引都将被删除，建立在该表上的视图依然保留，但已经无法引用，因此，执行删除操作要十分谨慎。

4.3.3 使用 T-SQL 操作数据记录

1. 插入记录

【例 4-8】 新生入学，在 Student_info 表中插入一条新数据。

```
INSERT INTO    tbStudent(studentNo,studentName,studentSex ,classNo) VALUES ('160412399','张三','男','16高计3')
```

通过以上应用总结出插入记录的基本语句格式如下：

```
INSERT INTO<表名>
[<属性列 1>,<属性列 2>…]
VALUES[<常量 1>,<常量  2>…]
```

2. 修改记录

【例 4-9】 个别学生信息有时会发生变更，如学生转专业，所在系发生变化等。将学号为"160412399"记录的所在班级由"16 高计 3"改为"16 计信 3"。

```
UPDATE tbStudent
SET    classNo=  '16 计信 3'
WHERE    studentNo =  '160412399'
```

如果不指定 WHERE 条件，则会修改所有记录，这是要十分小心的地方，通过以上应用，可总结出修改记录的基本语句格式如下：

```
UPDATE <表名>
SET    <列名>＝<表达式> [, <列名>＝<表达式>…]
[FROM    <表名>]
WHERE    <条件>
```

3. 删除记录

【例 4-10】 学生张自立已经退学，需要在学生信息表中删除该学生信息。

```
DELETE
   FROM tbStudent
 WHERE    studentName＝ '张自立'
```

通过对实例的应用，可以总结出删除记录的基本语句格式如下：

```
DELETE
FROM    <表名>
[WHERE <条件>]
```

DELETE 语句的功能是从指定表中删除满足 WHERE 条件字句的所有记录。如果省略了 WHERE 条件字句，表示删除表中全部记录，但表的定义仍存在，也就是说，DELETE 删除的是表中的数据，而不是关于表的定义。

【例 4-11】 删除学生信息表中所有学生信息。

```
DELETE FROM tbStudent
```

DELETE 语句使 tbStudent 表成为空表，它删除了 tbStudent 表中的所有记录。删除表中所有记录也可以使用 TRUNCATE TABLE <表名>语句来完成。具体如下：

```
TRUNCATE TABLE    tbStudent
```

4.4 定义表约束

4.4.1 PRIMARY KEY 约束

主键，就是主关键字，用来限制列的数据具有唯一性且不为空，即这一字段的数据没有重复数据值并且不能有空值。每个表只能有一个主键，一般用来做标识。

表中列的数据大多会有重复，如描述会员信息的表，会员的用户名、密码、注册时间和会员等级等字段值都会有重复，能确定身份的身份证在大多数网站上也不方便使用。那如何确定某一个会员的身份而不会和其他会员搞混呢？这就用到了主键。一个不重复并且不能有空值的列，就可以确定一个会员的身份。

在没有设置主键的表中设置主键。这里也要保证选中的列没有重复数据且没有空值。使用 ALTER TABLE 语句和 PRIMARY KEY 语句，语法格式如下：

```
ALTER TABLE  表名
ADD CONSTRAINT 约束名
PRIMARY KEY 主键列名
```

其中，CONSTRAINT 用于指定约束名，就是这个主键约束的名称。

【例 4-12】 在 tbStudent 表中设置 studentNo 字段为主键。

```
ALTER TABLE tbStudent
ADD CONSTRAINT pri_name
PRIMARY KEY(studentNo)
```

4.4.2 FOREIGN KEY 约束

外键约束又叫 FOREIGN KEY 约束，和主键是分不开的。外键表的外键关联的必须是主键表的主键。

外键有两种管理方法，使用关系图管理和使用查询语句管理。这里详细介绍使用查询语句管理。

对现有表创建外键约束，使用查询语句格式如下：

```
ALTER TABLE  外键表名
WITH CHECK
ADD FOREIGN KEY (外键字段名) REFERENCES 主键表名(主键字段名)
```

【例 4-13】 在 tbStudent 表中设置 classNo 字段为外键。

```
ALTER TABLE tbStudent
WITH CHECK
ADD FOREIGN KEY (classNo) REFERENCES tbClass (classNo)
```

4.4.3　UNIQUE KEY 约束

唯一性约束又叫 UNIQUE KEY 约束，在主键约束中也用到了唯一性，不同的是一个表中可以有多个唯一性列，却只能有一个主键。这里的唯一性列可以为空，但是只能有一行数据为空。例如，"用户信息"表中的"电子邮箱"字段，这个不是主键，却要求唯一性。下面通过界面操作和使用命令语句操作来介绍唯一性约束的操作管理。为已经存在的表设置唯一性约束，这里必须保证被选择设置唯一性约束的列或列的集合上没有重复值。语法格式如下：

```
ALTER TABLE  表名
ADD CONSTRAINT  约束名
UNIQUE[CLUSTERED] [NONCLUSTERED] （字段名 1，字段名 2）
```

【例 4-14】 在 tbStudent 表中设置 studentName 字段为唯一性约束。

```
ALTER TABLE tbStudent
ADD CONSTRAINT uni_name
UNIQUE (studentName)
```

4.4.4　CHECK 约束

通过检查输入表列的数据值来维护值域的完整性。例如，限制用户注册的用户名必须由字母和数字组成。这个约束在实际项目中很实用。CHECK 约束就像一个门卫，依次检查每一个要进入数据表的数据，只有符合条件的数据才允许通过。CHECK 约束语法格式如下：

```
ALTER TABLE  表名
WITH CHECK ADD CONSTRAINT  约束名
CHECK  验证表达式
```

【例 4-15】 在 tbStudent 表中对 studentSex 字段定义约束，使该字段只能是"男"或"女"。

```
ALTER TABLE tbStudent
WITH CHECK ADD CONSTRAINT check_sex
CHECK(studentSex='男' or studentSex='女')
```

4.4.5　DEFAULT 约束

默认值约束也称为 DEFAULT 约束。将常用的数据值定义为默认值可以节省用户输入时间，在非空的字段中定义默认值可以减少错误的发生。默认值很常用，如新添加的会员，会员等级都是最低级别，可以使用默认值；新添加的日志或新闻类，点击数都是 0，可以使用默认值等。语法格式如下：

```
ALTER TABLE  表名
ADD CONSTRAINT  约束名
DEFAULT  常量表达式 FOR  字段名
```

【例 4-16】 在 tbStudent 表中对 studentSex 字段设置默认值是"男"。

```
ALTER TABLE tbStudent
ADD CONSTRAINT default_sex
DEFAULT '男'FOR studentSex
```

4.5 小结

本章主要介绍了 SQL Server 2017 中的数据类型，如何创建表、如何维护表等内容。读者通过本章的学习，应熟练掌握创建表的方法以及表结构的设计。

4.6 课后练习

一、填空题

1. 命令 CREATE TABLE 的功能是_____。

2. 命令 DROP TABLE 的功能是_____。

3. 命令 ALTER TABLE 的功能是_____。

4. 删除"test"数据库的命令是_____。

5. 使用 SQL 语句创建一个班级表 CLASS，属性如下：CLASSNO，DEPARTNO，CLASSNAME；类型均为字符型；长度分别为 8、2、20 且均不允许为空。

```
CREATE _____CLASS
(CLASSNO _____(8) not null,
 DEPARTNO char(2) not null,
 CLASSNAME char_____not null
)
```

二、选择题

1. 在 SQL 语言中，建立表用的命令是（   ）。

A. CREATE SCHEMA   B. CREATE TABLE

C. CREATE VIEW   D. CREATE INDEX

2. 在 SQL 语言中，删除表中数据的命令是（   ）。

A. DELETE   B. DROP

C. CLEAR   D. REMOVE

3. 下面（   ）不是 SQL Server 2017 的基本数据类型。

A. VARIANT   B. VARCHAR

C. INT   D. DATETIME

4. 在 SQL 语言中，删除一个表的命令是（   ）。

A. DELETE   B. DROP

C. CLEAR   D. REMOVE

5. 关于表结构的定义，下面说法中错误的是（   ）。

A. 表名在同一个数据库内应是唯一的

B. 创建表使用 CREATE TABLE 命令

C. 删除表使用 DELETE TABLE 命令

D. 修改表使用 ALTER TABLE 命令

6. 下列代码（　　　）有错。

```
CREATE TABLE stud_info              --第 1 行
( stud_id char(6),          --第 2 行
  name    varchar(8),       --第 3 行
  birthday time,            --第 4 行
  gender char(2));          --第 5 行
```

A. 第 5 行　　　　　　　B. 第 2 行　　　　　　C. 第 3 行　　　　　D. 第 4 行

7. 在 SQL 语言中，修改表结构时使用的命令是（　　　）。

A. UPDATE　　　　　　B. INSERT　　　　　　C. ALTER　　　　　D. MODIFY

8. 每个数据库有且只有一个（　　　）。

A. 主要数据文件　　　　　　　　　　B. 次要数据文件

C. 日志文件　　　　　　　　　　　　D. 索引文件

三、简答题

1. 什么是表？用户对表的操作包括哪几个方面？

2. 简述 SQL Server 2017 具有哪几类数据类型及其含义。

3. 创建表的命令格式是什么？

四、操作题

现有关系数据库如下：

数据库名：学生成绩数据库

学生表（学号 char(6)，姓名，性别，民族，身份证号）

课程表（课号 char(6)，名称）

成绩表（ID，学号，课号，分数）

用 SQL 语言实现下列功能的 sql 语句代码：

（1）创建数据库[学生成绩数据库]代码。

（2）创建[课程表]代码：

　　课程表（课号 char(6)，名称）

　　要求使用：主键（课号）、非空（名称）。

（3）创建[学生表]代码：

　　学生表（学号 char(6)，姓名，性别，民族，身份证号）

　　要求使用：主键（学号）、默认（民族）、非空（民族，姓名）、唯一（身份证号）、检查（性别）。

（4）创建[成绩表]代码：

　　成绩表（ID，学号，课号，分数）

　　要求使用：主键（课号）、外键（成绩表.学号，成绩表.课号）、检查（分数）、自动编号（ID）。

（5）将下列课程信息添加到课程表的代码：

课号　　　课程名称

100001　　大学语文

100002　　大学英语

100003　　西班牙语

修改：课号为 100002 的课程名称"实用英语"。

删除：课号为 100003 的课程信息。

第5章

数据库查询

数据库查询是数据库技术中最常见，也是最重要的技术之一。SQL Server 2017 主要使用 SQL 语言中的 SELECT 语句实现查询操作，该语句也可嵌入到应用程序的代码中实现对数据库的查询操作。本章主要介绍 SELECT 语句的基本使用方法，包括单表查询及多表连接查询等，并通过实例介绍 SELECT 语句的使用场景。

5.1 单表查询

数据查询最基本的方式是使用 SELECT 语句，SELECT 语句按照用户给定的条件从 SQL Server 数据库中取出数据，并将这些数据通过一个或多个结果集返回给用户。SELECT 语句的结果集采用表的形式，与作为数据库对象的表类似，SELECT 语句的结果集也由行和列组成。

SELECT 语句是一个查询表达式，包括 SELECT、 FROM、WHERE、GROUP BY、HAVING 和 ORDER BY 子句。SELECT 语句具有数据查询、统计、分组和排序的功能，可以精确地对数据库进行查找，也可以进行模糊查询。在 SQL Server 2017 中，SELECT 语句的基本语法如下：

```
SELECT [ALL|DISTINCT] select_ list FROM table_source
[WHERE search conditions]
[GROUP BY group_by_expression]
[HAVING search conditions]
[ORDER BY order_expression [ASC|DESC]
```

从上述语法中可以看出，SELECT 查询语句中共有 6 个子句，其中 SELECT 和 FROM 子句为必选子句，而 WHERE、GROUP BY、HAVING 和 ORDER BY 子句为可选子句。下面对 SELECT 语法中各参数进行说明。

（1）SELECT 子句用来指定由查询返回的列，并且各列在 SELECT 子句中的顺序决定了它们在结果表中的顺序。

（2）ALL|DISTINCT 用来标识在查询结果集中对相同行的处理方式，关键字 ALL 表示返回查询结果集的所有行，其中包括重复行；关键字 DISTINCT 表示若结果集中有相同的数据行则只保留显示一行，默认值为 ALL。

（3）select_list 用来指定要显示的目标列，若要显示多个目标列，则各列名之间用半角逗号隔开。若要返回所有列，则可以用"*"表示。

（4）FROM table_source 子句用来指定数据源，table_source 为数据源表名称。

（5）WHERE search_conditions 用来限定返回行的各类简单或复杂的搜索条件，search_conditions 为条件表达式。

（6）GROUP BY group_by_expression 子句用来指定查询结果通过哪些字段进行分组，group_by_expression 为分组所依据的表达式。

5.1.1 SELECT 子句

一条 SELECT 语句可以很简单，也可以很复杂。一个复杂的 SELECT 语句可以用多种方法完成，编写也灵活多样。而 FROM 子句是查询语句中最常用的子句，也是最基础的查询语句。

1. 查询所有列

此功能即查询数据表中的所有数据。基本的语法格式如下：

```
SELECT * FROM table_source
```

说明：

● SELECT 后的"*"代表要查询数据表格中的所有字段。

● table_source 指明要从哪个表中查询数据。

【例 5-1】 查询全体学生信息，如图 5-1 所示。

```
SELECT * FROM tbStudent
```

	studentNo	studentName	studentSex	studentBirth	classNo	signTime
1	100150412101	韩凯丰	男	1989-12-06	201500010001	2018-07-01 14:05:16.230
2	100160412101	包晨阳	男	1990-07-01	201600010001	2018-07-01 14:05:16.230
3	100160412102	陈承达	男	1991-04-04	201600010001	2018-07-01 14:05:16.230
4	100160412103	陈芳芳	女	NULL	201600010001	2018-07-01 14:05:16.230
5	100160412104	陈飞凡	男	1990-12-25	201600010001	2018-07-01 14:05:16.230
6	100160412105	陈乐乐	男	1991-02-14	201600010001	2018-07-01 14:05:16.230
7	100160412106	陈梦梦	女	1991-06-08	201600010001	2018-07-01 14:05:16.230
8	100160412201	段淇	男	NULL	201600010002	2018-07-01 14:05:16.230
9	100160412202	方佳	女	1991-11-11	201600010002	2018-07-01 14:05:16.230
10	100160413101	吴群	男	1991-05-05	201600020001	2018-07-01 14:05:16.230

图 5-1 全体学生信息查询结果

【例 5-2】 查询全体教师信息，如图 5-2 所示。

```
SELECT * FROM tbTeacher
```

	teacherNo	teacherName	signTime
1	100020010012	张三	2018-07-01 14:21:28.827
2	100020080001	王五	2018-07-01 14:22:01.997
3	100020140050	李四	2018-07-01 14:21:46.643

图 5-2 全体教师信息查询结果

2. 查询部分列

有些时候，用户只希望查询数据表中的某一个字段或某些字段，而非全部。此时就要用到查询部分列功能。

基本的语法格式如下：

SELECT 字段名 FROM table_source

说明：

● "字段名"可以是一个，也可以是多个。

● 多个"字段名"之间用英文状态下的"，"隔开。

【例 5-3】 查询学生表中所有学生的学号、姓名和性别，如图 5-3 所示。

SELECT studentNo,studentName,studentSex FROM tbStudent

【例 5-4】 查询所有教师姓名，如图 5-4 所示。

SELECT teacherName FROM tbTeacher

	studentNo	studentName	studentSex
1	100150412101	韩凯丰	男
2	100160412101	包晨阳	男
3	100160412102	陈承达	男
4	100160412103	陈芳芳	女
5	100160412104	陈飞凡	男
6	100160412105	陈乐乐	男
7	100160412106	陈梦梦	女
8	100160412201	段淇	男
9	100160412202	方佳	女
10	100160413101	吴群	男

	teacherName
1	张三
2	王五
3	李四

图 5-3 学生表中相关信息查询结果　　　　图 5-4 所有教师姓名查询结果

3. 别名

为了数据显示直观，可对结果集中的列重新命名，得到新的列名。

基本的语法格式如下：

SELECT 字段名 as 新字段名 FROM table_source

说明：

● "字段名 as 新字段名"可以是一个，也可以是多个。

● 多个"字段名 as 新字段名"之间用英文状态下的"，"隔开。

【例 5-5】 查询学生表中所有学生的学号、姓名和性别，字段名用中文显示，如图 5-5 所示。

SELECT studentNo as 学号,studentName as 姓名,studentSex as 性别 FROM tbStudent

【例 5-6】 查询所有教师姓名，字段名用中文显示，如图 5-6 所示。

SELECT teacherName as 教师姓名 FROM tbTeacher

在 SQL Server 2017 中给字段取别名时可以省略"as"关键字，或者直接用空格代替。例如，上面的 SQL 代码可以写成：

SELECT teacherName 教师姓名 FROM tbTeacher

	学号	姓名	性别
1	100150412101	韩凯丰	男
2	100160412101	包晨阳	男
3	100160412102	陈承达	男
4	100160412103	陈芳芳	女
5	100160412104	陈飞凡	男
6	100160412105	陈乐乐	男
7	100160412106	陈梦梦	女
8	100160412201	段淇	男
9	100160412202	方佳	女
10	100160413101	吴群	男

	教师姓名
1	张三
2	王五
3	李四

图 5-5　学生信息中文显示查询结果　　　　图 5-6　教师信息中文显示查询结果

4. DISTINCT 关键字

DISTINCT 关键字主要用来从 SELECT 语句的结果集中去掉重复值。

基本的语法格式如下：

```
SELECT DISTINCT 字段名 FROM table_source
```

	ClassNo
1	201500010001
2	201600010001
3	201600010002
4	201600020001

图 5-7　使用 DISTINCT 的查询结果

【例 5-7】 查询学生所在班级号，如图 5-7 所示。

```
SELECT DISTINCT ClassNo FROM tbStudent
```

使用 DISTINCT 关键字会使查询效率下降，应尽量避免使用。原因是：在去掉重复值之前，首先要对查询结果集进行排序，将相同的记录放在一起分为多组，然后再删除每组第一条记录以外的其他记录。在需要去重复功能时，可使用后续章节介绍的 GROUP BY 子句。

5. TOP 关键字

在数据库操作时，有时只需要查询数据表中的前几条记录。例如，在网站主页中显示最近的 10 条新闻等。

基本的语法格式如下：

```
SELECT TOP n 字段名 FROM table_source
```

【例 5-8】 查询 tbStudent 表中的前 5 行数据，如图 5-8 所示。

```
SELECT TOP 5 * FROM tbStudent
```

	studentNo	studentName	studentSex	studentBirth	classNo	signTime
1	100150412101	韩凯丰	男	1989-12-06	201500010001	2018-07-01 14:05:16.230
2	100160412101	包晨阳	男	1990-07-01	201600010001	2018-07-01 14:05:16.230
3	100160412102	陈承达	男	1991-04-04	201600010001	2018-07-01 14:05:16.230
4	100160412103	陈芳芳	女	NULL	201600010001	2018-07-01 14:05:16.230
5	100160412104	陈飞凡	男	1990-12-25	201600010001	2018-07-01 14:05:16.230

图 5-8　TOP 语句查询结果

【例 5-9】 查询 tbStudent 表中的前 50%数据，如图 5-9 所示。

```
SELECT TOP 50 PERCENT * FROM tbStudent
```

	studentNo	studentName	studentSex	studentBirth	classNo	signTime
1	100150412101	韩凯丰	男	1989-12-06	201500010001	2018-07-01 14:05:16.230
2	100160412101	包晨阳	男	1990-07-01	201600010001	2018-07-01 14:05:16.230
3	100160412102	陈承达	男	1991-04-04	201600010001	2018-07-01 14:05:16.230
4	100160412103	陈芳芳	女	NULL	201600010001	2018-07-01 14:05:16.230
5	100160412104	陈飞凡	男	1990-12-25	201600010001	2018-07-01 14:05:16.230

图 5-9　PERCENT 语句查询结果

5.1.2　WHERE 子句

在数据库中查询数据时，有时只希望查询所需要的数据，而非数据表中的所有数据，那么可以使用 SELECT 语句中的 WHERE 子句来实现。

WHERE 子句通过条件表达式来描述关系中元组的选择条件，数据库系统处理该语句时，以行为单位，逐个检查每行是否满足条件，将不满足条件的行筛选掉。

WHERE 子句的基本格式如下：

WHERE search_conditions

其中，search_conditions 为用户选取所需查询数据行的条件，即查询返回行记录的满足条件。对于用户所需要的所有行，search_conditions 条件为 TRUE；而对于其他行，search_conditions 条件为 FALSE 或未知。表 5-1 列出了 WHERE 子句中可以使用的条件。

表 5-1　WHERE 子句中可以使用的条件

类　　型	运　算　符	说　　明
比较运算符	=、>、<、>=、<=、<>	比较两个表达式
逻辑运算符	AND、OR、NOT	组合两个表达式的运算结果或取反
范围运算符	BETWEEN、NOT BETWEEN	搜索值是否在范围内
列表运算符	IN、NOT IN	查询值是否属于列表值之一
字符匹配符	LIKE、NOT LIKE	字符串是否匹配
未知值	IS NULL、IS NOTNULL	查询值是否为 NULL

1. 比较运算符

在 WHERE 子句中，比较运算符如表 5-2 所示。

表 5-2　比较运算符

运　算　符	说　　明
=	用于测试两个表达式是否相等的运算符
<>	用于测试两个表达式彼此不相等的条件的运算符
!=	用于测试两个表达式彼此不相等的条件的运算符
>	用于测试一个表达式是否大于另一个表达式的运算符
>=	用于测试一个表达式是否大于或等于另一个表达式的运算符
!>	用于测试一个表达式是否不大于另一个表达式的运算符
<	用于测试一个表达式是否小于另一个表达式的运算符

续表

运 算 符	说 明
<=	用于测试一个表达式是否小于或等于另一个表达式的运算符
!<	用于测试一个表达式是否不小于另一个表达式的运算符

【例 5-10】 查询所有女生，如图 5-10 所示。

SELECT * FROM tbStudent WHERE studentSex='女'

	studentNo	studentName	studentSex	studentBirth	classNo	signTime
1	100160412103	陈芳芳	女	NULL	201600010001	2018-07-01 14:05:16.230
2	100160412106	陈梦梦	女	1991-06-08	201600010001	2018-07-01 14:05:16.230
3	100160412202	方佳	女	1991-11-11	201600010002	2018-07-01 14:05:16.230

图 5-10　查询所有女生结果

【例 5-11】 查询出生日期在 1991 年 1 月 1 日之前的学生，如图 5-11 所示。

SELECT * FROM tbStudent WHERE studentBirth<'1991-01-01'

	studentNo	studentName	studentSex	studentBirth	classNo	signTime
1	100150412101	韩凯丰	男	1989-12-06	201500010001	2018-07-01 14:05:16.230
2	100160412101	包晨阳	男	1990-07-01	201600010001	2018-07-01 14:05:16.230
3	100160412104	陈飞凡	男	1990-12-25	201600010001	2018-07-01 14:05:16.230

图 5-11　查询 1991 年 1 月 1 日前出生的学生结果

【例 5-12】 查询学分大于 3 分的课程，如图 5-12 所示。

SELECT * FROM tbCourse WHERE courseCredit>3

	courseNo	courseName	courseHour	courseCredit	courseTerm	teacherNo	professionNo
1	060101400702	计算机网络	60	4	2	100020140050	090000100101
2	060101400703	WEB前端技术	96	6	4	100020080001	090000100101

图 5-12　查询学分大于 3 分的课程结果

【例 5-13】 查询学生在第 4 学期上的课程，如图 5-13 所示。

SELECT * FROM tbCourse WHERE courseTerm=4

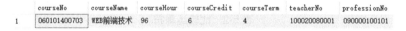

	courseNo	courseName	courseHour	courseCredit	courseTerm	teacherNo	professionNo
1	060101400703	WEB前端技术	96	6	4	100020080001	090000100101

图 5-13　查询第 4 学期的课程结果

2. 逻辑运算符（NOT、AND、OR）

如果想把几个单一条件组合成一个复合条件，就需要使用逻辑运算符 NOT、AND 和 OR 才能完成复合条件查询。

（1）NOT：对布尔型输入取反，使用 NOT 返回不满足表达式的行。

（2）AND：组合两个布尔表达式，当两个表达式均为 TRUE 时返回 TRUE，当语句中使用多个逻辑运算符时，将首先计算 AND 运算符，可以通过使用括号改变求值顺序。使用 AND 返回满足所有条件的行。

（3）OR：将两个条件组合起来。在一个语句中使用多个逻辑运算符时，在 AND 运算符之后对 OR 运算符求值。不过，使用括号可以更改求值的顺序。使用 OR 返回满足任一条件的行。

逻辑运算符的优先顺序是 NOT（最高），然后是 AND，最后是 OR。

【例 5-14】 查询编号为"201600010001"的班级的男生，如图 5-14 所示。

```
SELECT * FROM tbStudent WHERE classNo='201600010001' AND studentSex='男'
```

	studentNo	studentName	studentSex	studentBirth	classNo	signTime
1	100160412101	包晨阳	男	1990-07-01	201600010001	2018-07-01 14:05:16.230
2	100160412102	陈承达	男	1991-04-04	201600010001	2018-07-01 14:05:16.230
3	100160412104	陈飞凡	男	1990-12-25	201600010001	2018-07-01 14:05:16.230
4	100160412105	陈乐乐	男	1991-02-14	201600010001	2018-07-01 14:05:16.230

图 5-14 查询编号为"201600010001"的班级的男生结果

【例 5-15】 查询专业核心课程（学时超过 50，学分超过 3 分），如图 5-15 所示。

```
SELECT * FROM tbCourse WHERE courseHour>50 AND courseCredit>3
```

	courseNo	courseName	courseHour	courseCredit	courseTerm	teacherNo	professionNo
1	060101400702	计算机网络	60	4	2	100020140050	090000100101
2	060101400703	WEB前端技术	96	6	4	100020080001	090000100101

图 5-15 查询专业核心课程结果

【例 5-16】 查询班级编号为"201600010001"或"201600010002"的所有学生，如图 5-16 所示。

```
SELECT * FROM tbStudent WHERE classNo='201600010001'
   OR classNo='201600010002'
```

	studentNo	studentName	studentSex	studentBirth	classNo	signTime
1	100160412101	包晨阳	男	1990-07-01	201600010001	2018-07-01 14:05:16.230
2	100160412102	陈承达	男	1991-04-04	201600010001	2018-07-01 14:05:16.230
3	100160412103	陈芳芳	女	NULL	201600010001	2018-07-01 14:05:16.230
4	100160412104	陈飞凡	男	1990-12-25	201600010001	2018-07-01 14:05:16.230
5	100160412105	陈乐乐	男	1991-02-14	201600010001	2018-07-01 14:05:16.230
6	100160412106	陈梦梦	女	1991-06-08	201600010001	2018-07-01 14:05:16.230
7	100160412201	段淇	男	NULL	201600010002	2018-07-01 14:05:16.230
8	100160412202	方佳	女	1991-11-11	201600010002	2018-07-01 14:05:16.230

图 5-16 or 使用结果

3. 字符匹配符（LIKE 关键字）

有时只知道要查询内容的一部分，如只知道某个学生姓"张"，但不知道完整姓名，这时就要用到模糊查询。

使用 LIKE 关键字可以确定特定字符串是否与指定模式相匹配，模式可以包含常规字符和通配符。

在模式匹配过程中，常规字符必须与字符串中指定的字符完全匹配，但是通配符可以与字符串的任意部分相匹配。

【例 5-17】 查询姓"陈"的学生，如图 5-17 所示。

```
SELECT * FROM tbStudent WHERE studentName LIKE '陈%'
```

	studentNo	studentName	studentSex	studentBirth	classNo	signTime
1	100160412102	陈承达	男	1991-04-04	201600010001	2018-07-01 14:05:16.230
2	100160412103	陈芳芳	女	NULL	201600010001	2018-07-01 14:05:16.230
3	100160412104	陈飞凡	男	1990-12-25	201600010001	2018-07-01 14:05:16.230
4	100160412105	陈乐乐	男	1991-02-14	201600010001	2018-07-01 14:05:16.230
5	100160412106	陈梦梦	女	1991-06-08	201600010001	2018-07-01 14:05:16.230

图 5-17　查询姓"陈"的学生结果

【例 5-18】　查询课程名中包含"计算机"的课程，如图 5-18 所示。

```
SELECT * FROM tbCourse WHERE courseName LIKE '%计算机%'
```

	courseNo	courseName	courseHour	courseCredit	courseTerm	teacherNo	professionNo
1	060101400701	计算机基础	36	3	1	100020010012	090000100101
2	060101400702	计算机网络	60	4	2	100020140050	090000100101

图 5-18　查询包含计算机字样课程结果

4. 范围运算符（BETWEEN 关键字）

BETWEEN AND 和 NOT BETWEEN AND 来指定范围条件。使用 BETWEEN AND 查询条件时，指定的第一个值必须小于第二个值。因为 BETWEEN AND 实质是查询条件"大于等于第一个值，并且小于等于第二个值"的简写形式。

【例 5-19】　查找学时在 50～100 之间的课程，如图 5-19 所示。

```
SELECT * FROM tbCourse WHERE courseHour BETWEEN 50 AND 100
```

	courseNo	courseName	courseHour	courseCredit	courseTerm	teacherNo	professionNo
1	060101400702	计算机网络	60	4	2	100020140050	090000100101
2	060101400703	WEB前端技术	96	6	4	100020060001	090000100101

图 5-19　查询学时在 50～100 的课程结果

【例 5-20】　查找 1990 年出生的学生，如图 5-20 所示。

```
SELECT * FROM tbStudent WHERE studentBirth BETWEEN '1990-01-01' AND '1990-12-31'
```

	studentNo	studentName	studentSex	studentBirth	classNo	signTime
1	100160412101	包晨阳	男	1990-07-01	201600010001	2018-07-01 14:05:16.230
2	100160412104	陈飞凡	男	1990-12-25	201600010001	2018-07-01 14:05:16.230

图 5-20　查询 1990 年出生的学生结果

5. IS（NOT）NULL 关键字

在 WHERE 子句中不能使用比较运算符（=）对空值进行判断，只能使用 IS（NOT）NULL 对空值进行查询。

【例 5-21】　查找生日信息为"NULL"的学生，如图 5-21 所示。

```
SELECT * FROM tbStudent WHERE studentBirth IS NULL
```

	studentNo	studentName	studentSex	studentBirth	classNo	signTime
1	100160412103	陈芳芳	女	NULL	201600010001	2018-07-01 14:05:16.230
2	100160412201	段淇	男	NULL	201600010002	2018-07-01 14:05:16.230

图 5-21　查询生日信息为"NULL"的学生结果

【例 5-22】　查找有生日信息的学生，如图 5-22 所示。

```
SELECT * FROM tbStudent WHERE studentBirth IS NOT NULL
```

	studentNo	studentName	studentSex	studentBirth	classNo	signTime
1	100150412101	韩凯丰	男	1989-12-06	201500010001	2018-07-01 14:05:16.230
2	100160412101	包晨阳	男	1990-07-01	201600010001	2018-07-01 14:05:16.230
3	100160412102	陈承达	男	1991-04-04	201600010001	2018-07-01 14:05:16.230
4	100160412104	陈飞凡	男	1990-12-25	201600010001	2018-07-01 14:05:16.230
5	100160412105	陈乐乐	男	1991-02-14	201600010001	2018-07-01 14:05:16.230
6	100160412106	陈梦梦	女	1991-06-08	201600010001	2018-07-01 14:05:16.230
7	100160412202	方佳	女	1991-11-11	201600010002	2018-07-01 14:05:16.230
8	100160413101	吴群	男	1991-05-05	201600020001	2018-07-01 14:05:16.230

图 5-22　查询生日信息不为空的学生结果

6. IN 关键字

使用 IN 关键字来指定列表搜索的条件，确定指定的值是否与集合中的值相匹配。

【例 5-23】 列举学分为 3 分和 4 分的所有课程，如图 5-23 所示。

```
SELECT * FROM tbCourse WHERE courseCredit IN (3,4)
```

	courseNo	courseName	courseHour	courseCredit	courseTerm	teacherNo	professionNo
1	060101400701	计算机基础	36	3	1	100020010012	090000100101
2	060101400702	计算机网络	60	4	2	100020140050	090000100101

图 5-23　查询学分为 3 分和 4 分的课程结果

在 IN 关键字的使用中，集合必须用圆括号，并且多个元素之间用逗号隔开。

5.1.3　ORDER BY 子句

有些时候，在使用 SELECT 语句进行数据查询后，想让数据按时间先后顺序排列或数字按大小排列时，就可以使用 ORDER BY 子句对生成的结果集进行排序。

ORDER BY 子句在 SELECT 语句中的语法格式为：

```
ORDER BY order_expression [ASC|DESC]
```

其中，order_ expression 表示用于排序的列或列的别名及表达式。当有多个排序列时，每个排序列之间用半角逗号隔开，而且列后都可以跟一个排序要求。当排序要求为 ASC 时，结果集的行按排序列值的升序排列；排序要求为 DESC 时，结果集的行按排序列值的降序排列。如没指定排序要求，则使用默认值 ASC。

在 SELECT 语句中，ORDER BY 是最后执行的，所以 ORDER BY 字句中可以使用字段别名。如果排序字段中有 NULL 值，则 NULL 值为最小值。按升序排列时它会排在最前面，而按降序排列时会排在最后面。

【例 5-24】 把所有学生按学号排序并显示，如图 5-24 所示。

```
SELECT * FROM tbStudent ORDER BY studentNo
```

	studentNo	studentName	studentSex	studentBirth	classNo	signTime
1	100150412101	韩凯丰	男	1989-12-06	201500010001	2018-07-01 14:05:16.230
2	100160412101	包晨阳	男	1990-07-01	201600010001	2018-07-01 14:05:16.230
3	100160412102	陈承达	男	1991-04-04	201600010001	2018-07-01 14:05:16.230
4	100160412103	陈芳芳	女	NULL	201600010001	2018-07-01 14:05:16.230
5	100160412104	陈飞凡	男	1990-12-25	201600010001	2018-07-01 14:05:16.230
6	100160412105	陈乐乐	男	1991-02-14	201600010001	2018-07-01 14:05:16.230
7	100160412106	陈梦梦	女	1991-06-08	201600010001	2018-07-01 14:05:16.230
8	100160412201	段淇	男	NULL	201600010002	2018-07-01 14:05:16.230
9	100160412202	方佳	女	1991-11-11	201600010002	2018-07-01 14:05:16.230
10	100160413101	吴群	男	1991-05-05	201600020001	2018-07-01 14:05:16.230

图 5-24　所有学生按学号排序结果

【例 5-25】 把所有男生按姓名排序并显示，如图 5-25 所示。

```
SELECT * FROM tbStudent WHERE studentSex='男' ORDER BY studentName
```

	studentNo	studentName	studentSex	studentBirth	classNo	signTime
1	100160412101	包晨阳	男	1990-07-01	201600010001	2018-07-01 14:05:16.230
2	100160412102	陈承达	男	1991-04-04	201600010001	2018-07-01 14:05:16.230
3	100160412104	陈飞凡	男	1990-12-25	201600010001	2018-07-01 14:05:16.230
4	100160412105	陈乐乐	男	1991-02-14	201600010001	2018-07-01 14:05:16.230
5	100160412201	段淇	男	NULL	201600010002	2018-07-01 14:05:16.230
6	100150412101	韩凯丰	男	1989-12-06	201500010001	2018-07-01 14:05:16.230
7	100160413101	吴群	男	1991-05-05	201600020001	2018-07-01 14:05:16.230

图 5-25 所有男生按姓名排序结果

【例 5-26】 把所有学生按年龄从大到小排序并显示，如图 5-26 所示。

```
SELECT * FROM tbStudent WHERE studentBirth IS NOT NULL ORDER BY studentBirth
```

	studentNo	studentName	studentSex	studentBirth	classNo	signTime
1	100150412101	韩凯丰	男	1989-12-06	201500010001	2018-07-01 14:05:16.230
2	100160412101	包晨阳	男	1990-07-01	201600010001	2018-07-01 14:05:16.230
3	100160412104	陈飞凡	男	1990-12-25	201600010001	2018-07-01 14:05:16.230
4	100160412105	陈乐乐	男	1991-02-14	201600010001	2018-07-01 14:05:16.230
5	100160412102	陈承达	男	1991-04-04	201600010001	2018-07-01 14:05:16.230
6	100160413101	吴群	男	1991-05-05	201600020001	2018-07-01 14:05:16.230
7	100160412106	陈梦梦	女	1991-06-08	201600010001	2018-07-01 14:05:16.230
8	100160412202	方佳	女	1991-11-11	201600010002	2018-07-01 14:05:16.230

图 5-26 按生日排序结果

【例 5-27】 把所有课程按学分从高到低排序并显示，如图 5-27 所示。

```
SELECT * FROM tbCourse ORDER BY courseCredit DESC
```

	courseNo	courseName	courseHour	courseCredit	courseTerm	teacherNo	professionNo
1	060101400703	WEB前端技术	96	6	4	100020080001	090000100101
2	060101400702	计算机网络	60	4	2	100020140050	090000100101
3	060101400701	计算机基础	36	3	1	100020010012	090000100101

图 5-27 学分从高到低排序结果

有时，按单字段排序并不能满足要求，原因是单字段无法解决相同值的问题。使用 ORDER BY 子句可以同时对多个字段进行排序。

【例 5-28】 把所有学生按班级号升序，学号从小到大排序并显示，如图 5-28 所示。

```
SELECT * FROM tbStudent ORDER BY classNo,studentNo
```

	studentNo	studentName	studentSex	studentBirth	classNo	signTime
1	100150412101	韩凯丰	男	1989-12-06	201500010001	2018-07-01 14:05:16.230
2	100160412101	包晨阳	男	1990-07-01	201600010001	2018-07-01 14:05:16.230
3	100160412102	陈承达	男	1991-04-04	201600010001	2018-07-01 14:05:16.230
4	100160412103	陈芳芳	女	NULL	201600010001	2018-07-01 14:05:16.230
5	100160412104	陈飞凡	男	1990-12-25	201600010001	2018-07-01 14:05:16.230
6	100160412105	陈乐乐	男	1991-02-14	201600010001	2018-07-01 14:05:16.230
7	100160412106	陈梦梦	女	1991-06-08	201600010001	2018-07-01 14:05:16.230
8	100160412201	段淇	男	NULL	201600010002	2018-07-01 14:05:16.230
9	100160412202	方佳	女	1991-11-11	201600010002	2018-07-01 14:05:16.230
10	100160413101	吴群	男	1991-05-05	201600020001	2018-07-01 14:05:16.230

图 5-28 学生表按班级号和学号排序结果

【例 5-29】 把所有男生按班级号升序，年龄从小到大排序并显示，如图 5-29 所示。

```
SELECT * FROM tbStudent WHERE studentSex='男' AND studentBirth IS NOT NULL ORDER BY classNo
ASC,studentBirth DESC
```

	studentNo	studentName	studentSex	studentBirth	classNo	signTime
1	100150412101	韩凯丰	男	1989-12-06	201500010001	2018-07-01 14:05:16.230
2	100160412102	陈承达	男	1991-04-04	201600010001	2018-07-01 14:05:16.230
3	100160412105	陈乐乐	男	1991-02-14	201600010001	2018-07-01 14:05:16.230
4	100160412104	陈飞凡	男	1990-12-25	201600010001	2018-07-01 14:05:16.230
5	100160412101	包晨阳	男	1990-07-01	201600010001	2018-07-01 14:05:16.230
6	100160413101	吴群	男	1991-05-05	201600020001	2018-07-01 14:05:16.230

图 5-29 按班级号升序、生日降序排序结果

5.1.4 使用聚合函数汇总统计

1. GROUP BY 子句

使用 GROUP BY 子句可以将查询结果按照某一列数据值进行分类，换句话说，就是对查询结果的信息进行归纳，以汇总相关数据。

GROUP BY 子句的语法格式为：

```
GROUP BY group_by_expression
```

其中，group_by_expression 表示分组所依据的列。GROUP BY 子句通常与统计函数联合使用，如 COUNT、SUM 等。表 5-3 所示为常用的统计函数及功能。

表 5-3 常用的统计函数及功能

函 数 名	功 能
COUNT	求组中项数，返回整数
SUM	求和，返回表达式中所有值的和
AVG	求均值，返回表达式中所有值的平均值
MAX	求最大值，返回表达式中所有值的最大值
MIN	求最小值，返回表达式中所有值的最小值

在使用 GROUP BY 子句时，将 GROUP BY 子句中的列称为分割列或分组列，而且必须保证 SELECT 语句中的列是可计算的值并且在 GROUP BY 列表中。

【例 5-30】 查询总学生数，并命名列名为"学生"，如图 5-30 所示。

```
SELECT COUNT(*) as 学生 FROM tbStudent
```

【例 5-31】 按性别查询男生和女生的总数，如图 5-31 所示。

```
SELECT studentSex,COUNT(*) as 数量 FROM tbStudent GROUP BY studentSex
```

	学生
1	10

图 5-30 学生总数结果

	studentSex	数量
1	男	7
2	女	3

图 5-31 男生和女生总数结果

2. HAVING 子句

HAVING 子句的用法类似于 WHERE 子句，它指定了组或聚合的搜索条件。HAVING 子

句通常与 GROUP BY 子句一起使用。HAVING 子句的语法格式为：

HAVING search_conditions

其中，search_conditions 为查询所需的条件，即返回查询结果的满足条件。在使用 GROUP BY 子句时，HAVING 子句将限定整个 GROUP BY 子句创建的组。其具体规则如下：

（1）如果指定了 GROUP BY 子句，则 HAVING 子句的查询条件将应用于 GROUP BY 子句创建的组。

（2）如果指定了 WHERE 子句而没有指定 GROUP BY 子句，则 HAVING 子句的查询条件将应用于 WHERE 子句的输出结果集。

（3）如果既没有指定 WHERE 子句又没有指定 GROUP BY 子句，则 HAVING 子句的查询条件将应用于 FROM 子句的输出结果集。

对于所允许的元素，HAVING 子句对 GROUP BY 子句设定查询条件的方式与 WHERE 子句对 SELECT 语句设定查询条件的方式类似，但在包含聚合函数上却不相同。HAVING 子句中可以包含聚合函数，而 WHERE 子句不可以，而且 HAVING 子句中的每一个元素都必须出现在 SELECT 语句的列表中。

【例 5-32】查询男生总数，并命名列名为"男生"，如图 5-32 所示。

图 5-32　HAVING 使用结果

SELECT studentSex,COUNT(*) as 数量 FROM tbStudent GROUP BY studentSex HAVING studentSex='男'

5.2　多表连接查询

在实际查询应用中，用户所需要的数据并不都在一个表中，而在多个表中，这时就要使用多表查询。多表查询把多个表中的数据按某种方式进行组合，再从中获取所需要的数据信息。多表查询实际上是通过各表之间共同列的相关性来查询数据的，是数据库查询最主要的特征。多表查询首先要在这些表中建立连接，表之间的连接就是连接查询的结果集或结果表。通常总是通过连接创建一个新表，以包含不同表中的数据。如果新表有合适的域，就可以将它连接到现有的表中。

在进行多表操作时，最简单的连接方式就是在 SELECT 语句列表中引用多个表的字段，在其 FROM 子句中用半角逗号将不同的基本表隔开。如果使用 WHERE 子句创建一个同等连接则能使查询结果集更加丰富。同等连接是指第一个基表中的一个或多个列值与第二个基表中对应的一个或多个列值相等的连接。通常使用键码列建立连接，即一个基表中的主键码与第二个基表中的外键码保持一致，以保持整个数据集的参照完整性。

多表查询中同样可以使用 WHERE 子句的各个搜索条件，如比较运算符、逻辑运算符、IN 条件、BETWEEN 条件、LIKE 条件及 IS（NOT）NULL 条件等，也可以规范化结果集。

连接可以在 SELECT 语句的 FROM 子句或 WHERE 子句中创建。连接条件与 WHERE 子句和 HAVING 子句组合，用于控制在 FROM 子句引用的基表中所选定的行。

连接查询的语法格式为：

SELECT select_list

FROM table1 join_type table2 [ON join_conditions]
[WHERE search_conditions]
[ORDER BY order_expression]

上述语法中，table1 与 table2 为基表，join_type 指定连接类型，join_conditions 指定连接条件。其中连接类型可分为内连接、外连接、交叉连接等，下面将分别介绍这些连接类型。

5.2.1　内连接

内连接是一种比较常用的数据连接查询方式，它使用比较运算符进行多个基表间数据的比较操作，并列出这些基表中与连接条件相匹配的所有数据行。一般用 INNER JOIN 或 JOIN 关键字来指定内连接，它是多表连接的默认连接方式。

【例 5-33】 查询所有学生和所属班级信息的对应关系，如图 5-33 所示。

SELECT　　　　tbStudent.studentNo,tbStudent.studentName,tbStudent.studentSex,tbStudent.studentBirth,tbClass.className FROM tbStudent
INNER JOIN tbClass ON tbStudent.classNo = tbClass.classNo

	studentNo	studentName	studentSex	studentBirth	className
1	100150412101	韩凯丰	男	1989-12-06	15计算机应用技术1班
2	100160412101	包晨阳	男	1990-07-01	16计算机应用技术1班
3	100160412102	陈承达	男	1991-04-04	16计算机应用技术1班
4	100160412103	陈芳芳	女	NULL	16计算机应用技术1班
5	100160412104	陈飞凡	男	1990-12-25	16计算机应用技术1班
6	100160412105	陈乐乐	男	1991-02-14	16计算机应用技术1班
7	100160412106	陈梦梦	女	1991-06-08	16计算机应用技术1班
8	100160412201	段淇	男	NULL	16计算机应用技术2班
9	100160412202	方佳	女	1991-11-11	16计算机应用技术2班
10	100160413101	吴群	男	1991-05-05	16计算机信息管理1班

图 5-33　学生班级对应结果

【例 5-34】 查询学生所属班级及所属专业，如图 5-34 所示。

SELECT
tbStudent.studentNo,tbStudent.studentName,tbClass.className, tbProfession.professionName
FROM tbStudent INNER JOIN tbClass ON tbStudent.classNo = tbClass.classNo INNER JOIN tbProfession ON tbClass.professionNo = tbProfession.professionNo

	studentNo	studentName	className	professionName
1	100150412101	韩凯丰	15计算机应用技术1班	计算机应用技术
2	100160412101	包晨阳	16计算机应用技术1班	计算机应用技术
3	100160412102	陈承达	16计算机应用技术1班	计算机应用技术
4	100160412103	陈芳芳	16计算机应用技术1班	计算机应用技术
5	100160412104	陈飞凡	16计算机应用技术1班	计算机应用技术
6	100160412105	陈乐乐	16计算机应用技术1班	计算机应用技术
7	100160412106	陈梦梦	16计算机应用技术1班	计算机应用技术
8	100160412201	段淇	16计算机应用技术2班	计算机应用技术
9	100160412202	方佳	16计算机应用技术2班	计算机应用技术
10	100160413101	吴群	16计算机信息管理1班	计算机信息管理

图 5-34　学生所属班级及所属专业查询结果

【例 5-35】 查询所有学生的课程成绩，如图 5-35 所示。

SELECT
tbStudent.studentNo, tbStudent.studentName, tbCourse.courseName, tbScore.score FROM tbStudent INNER

JOIN tbScore ON tbStudent.studentNo = tbScore.studentNo INNER JOIN tbCourse ON tbScore.courseNo = tbCourse.courseNo

【例 5-36】 查询"计算机网络"课程任课教师，如图 5-36 所示。

SELECT tbCourse.courseNo, tbCourse.courseName, tbTeacher.teacherName
FROM tbCourse INNER JOIN tbTeacher ON tbCourse.teacherNo = tbTeacher.teacherNo WHERE tbCourse.courseName='计算机网络'

	studentNo	studentName	courseName	score
1	100160412101	包晨阳	计算机基础	90.00
2	100160412101	包晨阳	计算机网络	95.00
3	100160412102	陈承达	计算机基础	80.00
4	100160412102	陈承达	计算机网络	80.00
5	100160412103	陈芳芳	计算机基础	55.50
6	100160412104	陈飞凡	计算机基础	60.00
7	100160412105	陈乐乐	计算机基础	100.00
8	100160412105	陈乐乐	WEB前端技术	77.00
9	100160412106	陈梦梦	计算机基础	90.00
10	100160412106	陈梦梦	WEB前端技术	65.00

	courseNo	courseName	teacherName
1	060101400702	计算机网络	李四

图 5-35　学生课程成绩结果　　　　　图 5-36　"计算机网络"课程任课教师结果

内连接有返回信息的条件是当且仅当至少有一个同属于两个表的行符合连接条件。内连接从第一个表中消除与另一个表中任何不匹配的行。

5.2.2　外连接

外连接与内连接不同，内连接消除与另一个表任何不匹配的行，而外连接会返回 FROM 子句中提到的至少一个表或视图中的所有行，只要这些行符合任何搜索条件。因为在外连接中参与连接的表有主从之分，以主表的数据行去匹配从表中的数据行，如果符合连接条件则直接返回到查询结果中；如果主表中的行在从表中没有找到匹配的行，主表的行仍然保留并返回到查询结果中，相应地从表中的行被填上空值后也返回到查询结果中。

根据查询语句中指定的关键字及各个表的位置可将外连接分为 3 类：左外连接、右外连接和完全连接。

（1）左外连接（LEFT OUTER JOIN）：返回所有匹配行并从关键字 JOIN 左边的表中返回所有不匹配的行。

（2）右外连接（RIGHT OUTER JOIN）：返回所有匹配行并从关键字 JOIN 右边的表中返回所有不匹配的行。

（3）完全连接（FULL OUTER JOIN）：返回两个表中所有匹配行和不匹配行。

【例 5-37】 左外连接，如图 5-37 所示。

SELECT tbProfession.professionNo, tbProfession.professionName, tbCollege.collegeNo,tbCollege.collegeName
FROM tbProfession LEFT OUTER JOIN
tbCollege ON tbProfession.collegeNo = tbCollege.collegeNo

	professionNo	professionName	collegeNo	collegeName
1	090000100101	计算机应用技术	030201500401	设计与艺术学院
2	090000100102	计算机信息管理	030201500401	设计与艺术学院
3	090000100103	计算机信息安全	030201500401	设计与艺术学院
4	090000200103	电子商务	NULL	NULL

图 5-37　左外连接

【例 5-38】 右外连接，如图 5-38 所示。

```
SELECT tbProfession.professionNo, tbProfession.professionName, tbCollege.collegeNo,tbCollege.collegeName
FROM tbProfession Right OUTER JOIN
tbCollege ON tbProfession.collegeNo = tbCollege.collegeNo
```

	professionNo	professionName	collegeNo	collegeName
1	090000100101	计算机应用技术	030201500401	设计与艺术学院
2	090000100102	计算机信息管理	030201500401	设计与艺术学院
3	090000100103	计算机信息安全	030201500401	设计与艺术学院
4	NULL	NULL	030201500402	建筑与工程学院
5	NULL	NULL	030201500403	机械工程学院

图 5-38　右外连接

【例 5-39】 完全连接，如图 5-39 所示。

```
SELECT tbProfession.professionNo, tbProfession.professionName, tbCollege.collegeNo,tbCollege.collegeName
FROM tbProfession FULL OUTER JOIN
tbCollege ON tbProfession.collegeNo = tbCollege.collegeNo
```

	professionNo	professionName	collegeNo	collegeName
1	090000100101	计算机应用技术	030201500401	设计与艺术学院
2	090000100102	计算机信息管理	030201500401	设计与艺术学院
3	090000100103	计算机信息安全	030201500401	设计与艺术学院
4	090000200103	电子商务	NULL	NULL
5	NULL	NULL	030201500402	建筑与工程学院
6	NULL	NULL	030201500403	机械工程学院

图 5-39　完全连接

5.2.3　交叉连接

当对两个基表使用交叉连接查询时，将生成来自这两个基表各行所有可能的组合。即在结果集中，两个基表中每两个可能成对的行占一行。在交叉连接中，查询条件一般限定在 WHERE 子句中，查询生成的结果集可分以下两种情况。

（1）不使用 WHERE 子句：当交叉连接查询语句中没有使用 WHERE 子句时，返回的结果集是被连接的两个基表所有行的笛卡儿积，即返回到结果集中的行数等于一个基表中符合查询条件的行数乘以另一个基表中符合查询条件的行数。

（2）使用 WHERE 子句：当交叉连接查询语句中使用 WHERE 子句时，返回的结果集是被连接的两个基表所有行的笛卡儿积减去 WHERE 子句条件搜索到的数据的行数。

【例 5-40】 交叉连接，如图 5-40 所示。

```
SELECT tbProfession.professionNo, tbProfession.professionName, tbCollege.collegeNo,tbCollege.collegeName
FROM tbProfession CROSS JOIN tbCollege
```

【例 5-41】 使用 WHERE 子句的交叉连接，如图 5-41 所示。

```
SELECT tbProfession.professionNo, tbProfession.professionName, tbCollege.collegeNo,tbCollege.collegeName
FROM tbProfession CROSS JOIN tbCollege
WHERE professionName='计算机应用技术'
```

	professionNo	professionName	collegeNo	collegeName
1	090000100101	计算机应用技术	030201500401	设计与艺术学院
2	090000100102	计算机信息管理	030201500401	设计与艺术学院
3	090000100103	计算机信息安全	030201500401	设计与艺术学院
4	090000200103	电子商务	030201500401	设计与艺术学院
5	090000100101	计算机应用技术	030201500402	建筑与工程学院
6	090000100102	计算机信息管理	030201500402	建筑与工程学院
7	090000100103	计算机信息安全	030201500402	建筑与工程学院
8	090000200103	电子商务	030201500402	建筑与工程学院
9	090000100101	计算机应用技术	030201500403	机械工程学院
10	090000100102	计算机信息管理	030201500403	机械工程学院
11	090000100103	计算机信息安全	030201500403	机械工程学院
12	090000200103	电子商务	030201500403	机械工程学院

图 5-40　交叉连接

	professionNo	professionName	collegeNo	collegeName
1	090000100101	计算机应用技术	030201500401	设计与艺术学院
2	090000100101	计算机应用技术	030201500402	建筑与工程学院
3	090000100101	计算机应用技术	030201500403	机械工程学院

图 5-41　带 WHERE 子句的交叉连接

5.2.4　联合查询

联合查询是指将多个不同的查询结果连接在一起组成一组数据的查询方式。联合查询使用 UNION 关键字连接各个 SELECT 子句，将两个或更多的查询结果集组合为单个结果集，该结果集包含所有查询结果集中的全部行数据。联合查询不同于对两个表中的列进行连接查询，前者是组合两个表中的行，后者是匹配两个表中的列数据。联合查询的语法格式如下：

```
SELECT select_list
FROM table_source
[WHERE search_conditions ]
UNION [ALL]
SELECT select_list
FROM table_source
[WHERE search_conditions]
[ORDER BY order_expression]
```

其中 ALL 关键字为可选的，如果在 UNION 子句中使用该关键字，则返回全部满足匹配的结果；如果不使用该关键字，则在返回结果中删除满足匹配的重复行。在进行联合查询时，查询结果的列标题为第一个查询语句的列标题，因此，必须在第一个查询语句中定义列标题。

【例 5-42】 联合查询，如图 5-42 所示。

```
SELECT * FROM tbStudent WHERE classNo='201500010001'
UNION
SELECT * FROM tbStudent WHERE classNo='201600020001'
```

	studentNo	studentName	studentSex	studentBirth	classNo	signTime
1	100150412101	韩凯丰	男	1989-12-06	201500010001	2018-07-01 14:05:16.230
2	100160413101	吴群	男	1991-05-05	201600020001	2018-07-01 14:05:16.230

图 5-42　联合查询

UNION ALL 是另一种对表进行联合查询的方法。它与 UNION 的唯一区别是不删除重复行，也不对行进行自动排序。在对表进行联合查询时，如果希望在查询中显示重复的行，就可以使用 UNION ALL。

在使用 UNION 的 SELECT 语句时，如果要对联合查询结果进行排序，则必须使用第一个查询语句中的列名、列标题和列序号，并且排序子句 ORDER BY 中最好使用数字来指定排序次序，如果不使用数字，联合查询的子查询中列名就必须相同，也可以使用别名来统一列名。另外，在对联合查询的结果进行排序时，必须把 ORDER BY 子句放在 SELECT 子句的后面。

5.2.5 嵌套查询

在 SQL 中，查询可以嵌套使用，并且用户可以在一个查询中嵌套任意多个子查询。所谓嵌套查询，即一个查询中还可以包含另一个查询。

嵌套查询比连接查询更具结构化，也提供了使用单个查询操作多个表中数据的方法。嵌套查询在其他查询结果的基础上提供了一种有效的方式来表示 WHERE 子句的条件。

在实际应用中，嵌套查询能够帮助用户从多个表中完成查询任务。

【例 5-43】 查询 "16 计算机应用技术 1 班" 的所有学生的学号、姓名和性别，如图 5-43 所示。

```
SELECT studentNo,studentName,studentSex FROM tbStudent WHERE ClassNo=(SELECT ClassNo FROM tbClass WHERE className='16 计算机应用技术 1 班')
```

【例 5-44】 查询 "16 计算机应用技术 1 班" 的所有男生的学号和姓名，如图 5-44 所示。

```
SELECT studentNo,studentName FROM tbStudent WHERE ClassNo=(SELECT ClassNo FROM tbClass WHERE className='16 计算机应用技术 1 班') AND studentSex='男'
```

	studentNo	studentName	studentSex
1	100160412101	包晨阳	男
2	100160412102	陈承达	男
3	100160412103	陈芳芳	女
4	100160412104	陈飞凡	男
5	100160412105	陈乐乐	男
6	100160412106	陈梦梦	女

图 5-43 按班级名查询学生信息

	studentNo	studentName
1	100160412101	包晨阳
2	100160412102	陈承达
3	100160412104	陈飞凡
4	100160412105	陈乐乐

图 5-44 按班级名查询男生信息

5.3 小结

本章主要讲述了如何使用查询语句，这也是 SQL 语句中比较重要的部分，不仅详细介绍了如何使用各种语句进行数据表中数据的查询操作，还介绍了如何对数据进行分组查询操作，以及多表连接查询的各种方法，包括两表连接、多表连接和交叉连接等。读者应该通过本章的学习熟练掌握 SELECT 语句，以及对查询结果进行排序、分组等操作。除此之外，还应该掌握 SQL 多表查询和嵌套查询等 SQL 语句的编写。

5.4 课后练习

一、填空题

1. 在 SELECT 语句中必须要有的关键字是_____和_____。

2．对查询结果排序的关键字是_____。

3．在外连接查询中的左外连接和右外连接，其符号分别为_____和_____。

二、选择题

1．查询姓张的员工信息的 SQL 语句是（　　）。

A．SELECT * FROM 员工表 WHERE name like '张'

B．SELECT * FROM 员工表 WHERE name like '%张%'

C．SELECT * FROM 员工表 WHERE name like '%张'

D．SELECT * FROM 员工表 WHERE name like '张%'

2．下列关于分组查询的用法正确的是（　　）。

A．在分组查询中只能使用 HAVING 语句限制条件，不能使用 WHERE 语句

B．使用分组查询后，在 SELECT 语句后面出现的字段可以是任意字段

C．使用分组查询后，在 SELECT 语句后面出现的字段只能是在 GROUP BY 语句后面的字段或是使用 COUNT 等函数的字段

D．以上都不对

3．设 A 表和 B 表连接，并有共同字段"id"，想让 A 表中的所有记录进入查询结果集，而将 B 表中只有匹配项的记录加入查询结果集的 SQL 语句是（　　）。

A．SELECT * FROM A LETF OUTER JOIN B ON A.id=B.id

B．SELECT * FROM A RIGHT OUTER JOIN B ON A.id=B.id

C．SELECT * FROM A INNER JOIN B ON A.id=B.id

D．SELECT * FROM A FULL OUTER JOIN B ON A.id=B.id

4．设 A 表和 B 表连接，并有共同字段"id"，想让 B 表中的所有记录进入查询结果集，而将 A 表中只有匹配项的记录加入查询结果集的 SQL 语句是（　　）。

A．SELECT * FROM A LETF OUTER JOIN B ON A.id=B.id

B．SELECT * FROM A RIGHT OUTER JOIN B ON A.id=B.id

C．SELECT * FROM A FULL OUTER JOIN B ON A.id=B.id

D．SELECT * FROM A INNER JOIN B ON A.id=B.id

三、简答题

1．简述模糊查询的使用方法。

2．解释在分组查询中 WHERE 语句与 HAVING 语句的区别。

3．简述左外连接、右外连接和完全连接之间的区别。

四、操作题

1．编写查询语句，查询所有课程信息。

2．编写查询语句，查询"计算机应用技术"专业所开设的课程。

3．编写查询语句，查询学号为"100160412101"的学生的所有考试分数。

4．编写查询语句，查询各班人数。

5．编写查询语句，查询每位学生每门课的上课教师。

6．编写查询语句，查询哪些学生有不及格课程。

第6章

视图与索引

视图是存储在数据库中的查询 SQL 语句。它主要出于两种原因：一个是安全原因，视图可以隐藏一些数据；另一个原因是可使复杂的查询易于理解和使用。索引是一个单独的、存储在磁盘上的数据库结构，它包含着对数据库表里所有记录的引用指针。对数据库进行操作时，合理使用视图和索引，可以提高数据存取的性能及操作的速度，大大提高查询数据的效率，使用户能够较快地查询并准确地得到希望的数据。在本章中，将针对视图和索引进行详细讲解。

6.1　视图

在数据库中，所有数据不是存放在一个统一的表中的，因为那样会使表变得非常庞大而且难以管理与维护，所以根据不同类别将不同的数据存储在不同的表中。当需要对某些数据进行操作时，通过查询将这些数据检索到结果集中以供使用。查看多表中数据的查询操作一般可以使用子查询或连接来完成。在本节中，将介绍一种新的方式来查看多表中的数据，那就是视图。

6.1.1　视图概述

视图是原始数据库中数据的一种变换，是查看表中数据的另一种方式。在描述视图的作用时，可以把视图看成一个可以移动的窗口，通过它可以看到不同表中的数据。在 SQL Server 数据库管理系统中，视图是根据预定义的查询建立起来的一个表，定义以模式对象的方式存在。视图是一种逻辑对象，是从一个或几个基本表中导出的表，是一种虚拟表。

在定义一个视图时，只是把其定义存放在系统数据中，而不直接存储视图对应的数据，直到用户使用视图时才去查找对应的数据。在视图中被查询的表称为视图的基表。定义一个视图后，就可以把它当作表来引用。在每次使用视图时，视图都是从基表提取所包含的行和列，用户再从中查询所需要的数据。所以视图结合了基表和查询两者的特性。在创建视图时，视图的内容可以包括以下几个方面。

（1）基表中列的子集或行的子集：视图可以是基表的一部分。

（2）两个或多个基表的联合：视图是多个基表联合检索的产物。

（3）两个或多个基表的连接：视图通过对多个基表的连接生成。

（4）基表的统计汇总：视图不仅是基表的映射，还可以是通过对基表的各种复杂运算得到的结果集。

（5）其他视图的子集：视图既可以基于表，也可以基于其他的视图。

（6）视图和基表的混合：视图和基表可以起到同样查看数据的作用。

对于使用数据库的每一项操作都有其各自的优点，视图也不例外，视图的优点主要表现在以下几点。

（1）数据集中显示。视图着重于用户感兴趣的某些特定数据及所负责的特定任务，可以提高数据操作效率。

（2）简化对数据的操作。在对数据库进行操作时，用户可以将经常使用的连接、投影、联合查询等定义为视图，这样在每次执行相同的查询时，就不必再重新写这些查询语句，而可以直接在视图中查询，从而可以大大简化用户对数据的操作。

（3）自定义数据。视图可以让不同的用户以不同的方式看到不同或相同的数据集。

（4）导出和导入数据。用户可以使用视图将数据导出至其他应用程序。

（5）合并分割数据。在一些情况下，由于表的数据量过大，在表的设计过程中可能需要经常对表进行水平分割或垂直分割，表的这种变化会对使用它的应用程序产生很大的影响。使用视图则可以重新保持原有的结构关系，从而使外模式保持不变，应用程序仍可以通过视图来重载数据。

（6）安全机制。通过视图可以限定用户查询权限，使部分用户只能查看和修改特定的数据。对于其他数据库或表中的数据既不可见也不能访问。

视图可以使应用程序和数据库表在一定程度上独立。如果没有视图，应用一定建立在表上。有了视图之后，程序可以建立在视图之上，从而程序与数据库表被视图分隔开来。视图可以在以下几个方面使程序与数据独立。

（1）如果应用建立在数据库表上，当数据库表发生变化时，可以在表上建立视图，通过视图屏蔽表的变化，从而应用程序可以不动。

（2）如果应用建立在数据库表上，当应用发生变化时，可以在表上建立视图，通过视图屏蔽应用的变化，从而使数据库表不动。

（3）如果应用建立在视图上，当数据库表发生变化时，可以在表上修改视图，通过视图屏蔽表的变化，从而应用程序可以不动。

（4）如果应用建立在视图上，当应用发生变化时，可以在表上修改视图，通过视图屏蔽应用的变化，从而数据库可以不动。

6.1.2 创建视图

在了解了视图的概念与特性后，本节将介绍如何创建视图。在 Microsoft SQL Server 2017 中，可以通过两种方式创建视图，分别为使用图形化界面创建视图和使用命令创建视图。

1. 使用图形化界面创建视图

【**例 6-1**】为数据库"SYSDB"创建一个视图，要求连接表"tbStudent"和表"tbScore"。操作步骤如下。

（1）打开 Microsoft SQL Server Management Studio 窗口，展开数据库"SYSDB"，右击"视图"，在弹出的快捷菜单中选择"新建视图"选项，如图 6-1 所示。

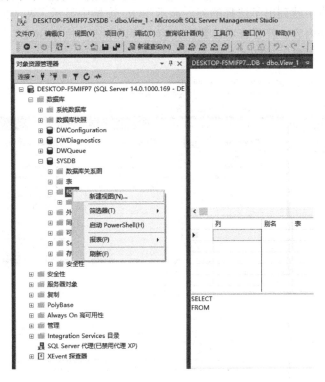

图 6-1 选择"新建视图"

（2）打开"添加表"对话框，在此对话框中可以看到视图的基表可以是表，也可以是视图、函数和同义词。在本例中使用"表"选项卡，选择"tbStudent"表、"tbScore"表和"tbCourse"表，如图 6-2 所示。

图 6-2 "添加表"对话框

（3）单击"添加"按钮。如果还需要添加其他表，则可以继续选择添加基表；如果不再需要添加，则可以单击"关闭"按钮，关闭"添加表"对话框。

（4）在视图窗口的关系图窗格中，显示了"tbStudent"表、"tbScore"表和"tbCourse"表的全部列信息，在此可以选择视图中查询的列，如选择"tbStudent"表中的列"studentNo""studentName""studentSex"，"tbScore"表中的列"score"，"tbCourse"表中的列"courseName"。对应地，在条件窗格中就列出了选择的列。显示 SQL 窗格中显示了两表的连接语句，表示了这个视图包含的数据内容。若要查看该数据内容，可以单击"执行 SQL"按钮，在显示结果窗格中显示查询出的结果集，如图 6-3 所示。

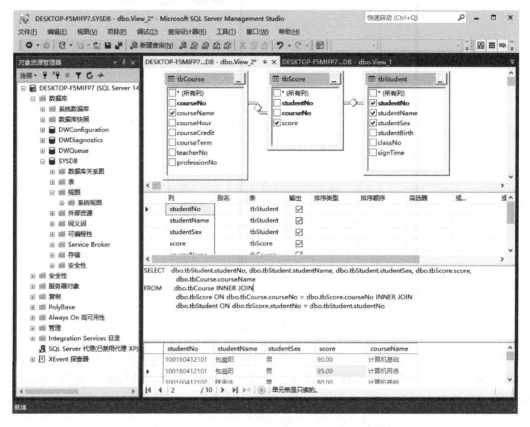

图 6-3　创建视图窗口

（5）单击主菜单中的"保存"按钮，在弹出的"选择名称"窗口中输入视图名称"View_Score"，单击"确定"按钮即可。然后可以查看"视图"结点下是否存在视图"View_Score"，如果存在，则表示创建成功，如图 6-4 所示。

2. 使用命令创建视图

在 Microsoft SQL Server 2017 中，使用 CREATE VIEW 语句创建视图的语法格式如下：

```
CREATE VIEW view_name(view_column_name)
AS query_expression
[WITH CHECK OPTION]
```

其中的各参数说明如下。

（1）view_name：表示所创建视图的名称。

图 6-4 视图创建成功窗口

（2）view_column_name：表示视图中所包含的列。

（3）query_expression：表示视图的查询语句，该语句由 SELECT 语句组成，而且这些查询语句可以执行大量的操作，包括从多个表中检索数据、计算数据、限定返回的数据类型，或者执行查询表达式支持的大部分其他操作。

（4）[WITH CHECK OPTION]：表示可以为视图定义约束，如使用 WHERE 子句。

注意：在使用命令创建视图时，必须给出视图的名称。而且如果符合下列情况之一时还必须提供列名：

- 所有列的值都是基于某种计算要插入列的值的操作，而本身基于直接从表中复制的值。
- 表的列名相同。

【例 6-2】 为数据库 SYSDB 的 tbStudent 表创建一个名为 View_studentSex 的视图，要求视图中包含 no、name、sex 3 列。在查询窗口中输入代码如下：

```
CREATE VIEW View_studentSex (no, name, sex)
AS
SELECT studentNo，studentName，studentSex FROM tbStudent
```

在该视图的创建语句中没有包含列名，那么该视图的列将继承 SELECT 语句列表中的列名，如【例 6-2】中视图 View_studentSex 包含 no、name、sex 3 列。

此外，在创建视图时，也可以使用 WHERE 子句来限定条件，只有满足条件的数据才能返回到视图中。

【例 6-3】 在【例 6-2】中，限定视图中返回的数据为所有性别为"男"的 tbStudent。代码如下：

```
CREATE VIEW View_studentSex (no, name, sex)
AS
SELECT studentNo,studentName,studentSex FROM tbStudent
```

```
WHERE studentSex = '男'
```

在【例 6-3】中，视图"View_studentSex"中包含学生 no、name、sex 3 列，因此可以看出，视图中的列名的定义与所用基表的列名无关。

【例 6-4】 使用【例 6-3】所创建的视图，可在 SELECT 语句中查询数据。代码如下：

```
USE SYSDB
GO
SELECT * FROM View_studentSex
```

执行语句，如图 6-5 所示。

除了可以在视图中直接使用基表列名，还可以显示在创建视图定义的 SELECT 语句列表中指定为计算列的值。

【例 6-5】 在数据库 SYSDB 的 tbScore 表中创建视图"View_avgScore"来汇总各门课程的平均分。要求视图包含 courseName 和 avgScore 两列。代码如下：

```
USE SYSDB
GO
CREATE VIEW View_avgScore(courseName,avgScore)
AS
SELECT A.courseName, AVG(B.score)
FROM tbCourse A, tbScore B
WHERE A.courseNo=B.courseNo
GROUP BY A.courseName
```

执行语句，如图 6-6 所示。

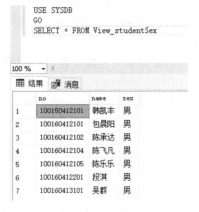

图 6-5 执行视图窗口

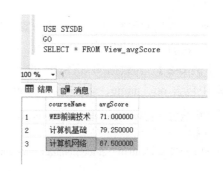

图 6-6 课程平均分视图执行结果

由图中的结果集可以看出，courseName 列的数据来自基表 tbCourse 中 courseName 的数据，而 avgScore 列数据则通过基表 tbScore 中 course 列使用函数 AVG()计算得出。

6.1.3 使用视图连接表

在创建视图时，不仅可以从一个表或视图中获取数据，还可以同时从两个或两个以上的表或视图中返回数据。

在上节介绍过，数据因为类别的不同而被存放在不同的表中，当需要从这些表中提取数据时，一般通过使用连接、联合或子查询的方式进行查询。通过视图也可以完成连接表的数据，还可以使用 WHERE 子句来创建约束条件。

【例 6-6】 在数据库 SYSDB 中创建视图，查询学生的基本信息、班级信息、专业信息和学院信息。要求视图中包含 studentNo、studentName、studentSex、className、professionName、collegeName 6 列。代码如下：

```
CREATE  VIEW  View_Student(studentNo,  studentName,  studentSex,  className,  professionName,
collegeName)
AS
SELECT tbStudent.studentNo, tbStudent.studentName, tbStudent.studentSex, tbClass.className, tbProfession.
professionName, tbCollege.collegeName
FROM tbStudent
LEFT JOIN tbClass ON tbClass.classNo=tbStudent.classNo
LEFT JOIN tbProfession ON tbProfession.professionNo = tbClass.professionNo
LEFT JOIN tbCollege ON tbCollege.collegeNo = tbProfession.collegeNo
```

创建的视图名称为 View_Student，包含了 4 个表中的数据，分别来自 tbStudent 表中的 studentNo、studentName 与 studentSex 3 列，tbClass 表中的 className 列，tbProfession 表中的 professionName 列和 tbCollege 表中的 collegeName 列数据。在 SELECT 列表中，每列的列名最好由各自的表名来限定，或者在 FROM 子句中定义表的别名来限定。这样，当视图基于多表连接操作时，不会把各表中相同的列名混淆。执行创建视图语句，使用 SELECT 语句查询结果集，如图 6-7 所示。

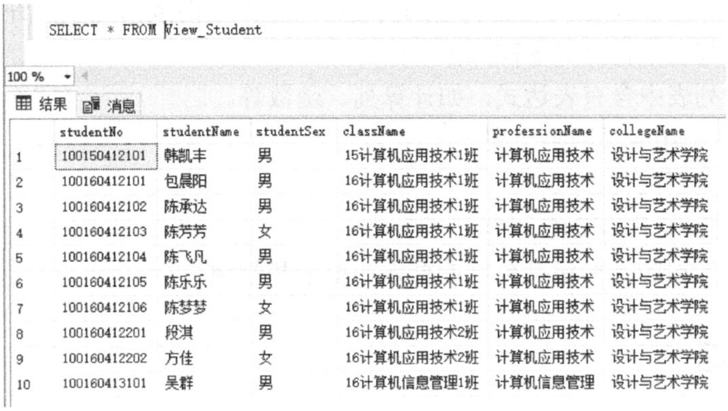

```
SELECT * FROM View_Student
```

	studentNo	studentName	studentSex	className	professionName	collegeName
1	100150412101	韩凯丰	男	15计算机应用技术1班	计算机应用技术	设计与艺术学院
2	100160412101	包晨阳	男	16计算机应用技术1班	计算机应用技术	设计与艺术学院
3	100160412102	陈承达	男	16计算机应用技术1班	计算机应用技术	设计与艺术学院
4	100160412103	陈芳芳	女	16计算机应用技术1班	计算机应用技术	设计与艺术学院
5	100160412104	陈飞凡	男	16计算机应用技术1班	计算机应用技术	设计与艺术学院
6	100160412105	陈乐乐	男	16计算机应用技术1班	计算机应用技术	设计与艺术学院
7	100160412106	陈梦梦	女	16计算机应用技术1班	计算机应用技术	设计与艺术学院
8	100160412201	段淇	男	16计算机应用技术2班	计算机应用技术	设计与艺术学院
9	100160412202	方佳	女	16计算机应用技术2班	计算机应用技术	设计与艺术学院
10	100160413101	吴群	男	16计算机信息管理1班	计算机信息管理	设计与艺术学院

图 6-7 View_Student 视图查询结果

对于上述语句，还可以在 WHERE 子句中对条件进行进一步限定。

【例 6-7】 查询"16 计算机应用技术 1 班"的学生信息。【例 6-6】的代码可以改为：

```
CREATE VIEW View_Student(studentNo, studentName, studentSex, className, professionName, collegeName)
AS
SELECT tbStudent.studentNo, tbStudent.studentName, tbStudent.studentSex, tbClass.className, tbProfession.
professionName, tbCollege.collegeName
FROM tbStudent
LEFT JOIN tbClass ON tbClass.classNo=tbStudent.classNo
LEFT JOIN tbProfession ON tbProfession.professionNo = tbClass.professionNo
LEFT JOIN tbCollege ON tbCollege.collegeNo = tbProfession.collegeNo
```

WHERE tbClass.className = '16 计算机应用技术 1 班'

执行查询语句，如图 6-8 所示。

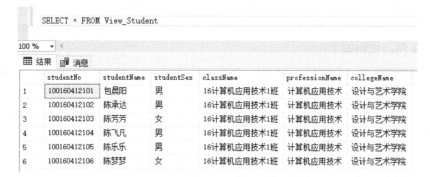

图 6-8　限定更多条件的视图

6.2　视图修改数据

使用视图不仅可以完成对数据的查询操作，还可以对查询到的数据进行修改。使用视图修改数据其实就是对其基表中的数据进行修改，因为视图并不是一个实际存在的表，而是由一个或多个基表组合的虚拟表，所以它并不存储数据，数据只存在于基表中。

但是在 CREATE VIEW 语句中包含下列内容时，视图中的数据是不允许修改的。

（1）SELECT 列表中含有 DISTINCT。

（2）SELECT 列表中含有表达式，如计算列、函数等。

（3）在 FROM 子句中引用多个表。

（4）引用不可更新的视图。

（5）GROUP BY 或 HAVING 子句。

使用视图修改数据的操作包括数据的插入、更新和删除。

6.2.1　插入数据

通过视图插入数据同在基表中插入数据一样，都可以通过 INSERT 语句来实现。插入数据的操作是针对视图中的列的插入操作，而不是基表中的所有的列。由于进行插入操作视图不同于基表，所以使用视图插入数据要满足一定的限制条件。

（1）使用 INSERT 语句进行插入操作的视图必须能够在基表中插入数据，否则插入操作会失败。

（2）如果视图上没有包括基表中所有属性为 NOT NULL 的行，那么插入操作会由于那些列的 NULL 值而失败。

（3）如果在视图中包含使用统计函数的结果，或者包含多个列值的组合，则插入操作不成功。不能在使用了 DISTINCT、GROUP BY 或 HAVING 语句的视图中插入数据。

（4）如果创建视图的 CREATE VIEW 语句中使用了 WITH CHECK OPTION，那么所有对视图进行修改的语句必须符合 WITH CHECK OPTION 中限定的条件。

（5）对于应由多个基表连接而成的视图来说，一个插入操作只能作用于一个基表上。

【例 6-8】 基于【例 6-6】的视图 View_Student，使用 INSERT 语句插入一条数据。代码如下：

```
INSERT INTO View_Student(studentNo, studentName, studentSex) VALUES('100160412107','梅田田','女')
```

若插入操作成功，基表 tbStudent 中会插入 studentNo 为“100160412107”的记录，如图 6-9 所示。但为什么 View_Student 中没有显示？读者可以思考一下。

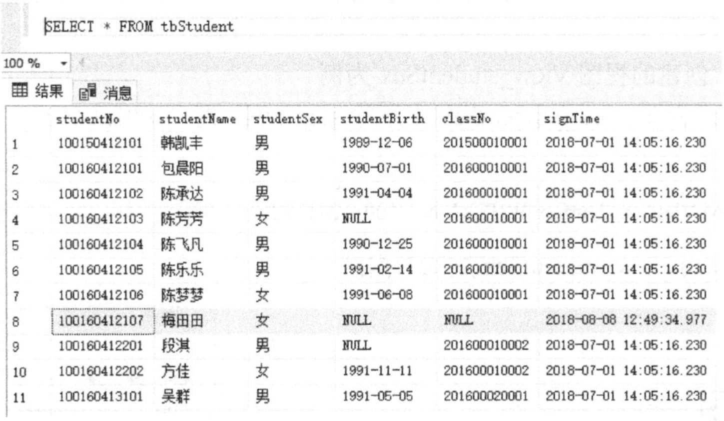

SELECT * FROM tbStudent

	studentNo	studentName	studentSex	studentBirth	classNo	signTime
1	100150412101	韩凯丰	男	1989-12-06	201500010001	2018-07-01 14:05:16.230
2	100160412101	包晨阳	男	1990-07-01	201600010001	2018-07-01 14:05:16.230
3	100160412102	陈承达	男	1991-04-04	201600010001	2018-07-01 14:05:16.230
4	100160412103	陈芳芳	女	NULL	201600010001	2018-07-01 14:05:16.230
5	100160412104	陈飞凡	男	1990-12-25	201600010001	2018-07-01 14:05:16.230
6	100160412105	陈乐乐	男	1991-02-14	201600010001	2018-07-01 14:05:16.230
7	100160412106	陈梦梦	女	1991-06-08	201600010001	2018-07-01 14:05:16.230
8	100160412107	梅田田	女	NULL	NULL	2018-08-08 12:49:34.977
9	100160412201	段淇	男	NULL	201600010002	2018-07-01 14:05:16.230
10	100160412202	方佳	女	1991-11-11	201600010002	2018-07-01 14:05:16.230
11	100160413101	吴群	男	1991-05-05	201600020001	2018-07-01 14:05:16.230

图 6-9 使用 View_Student 插入数据结果

6.2.2 更新数据

在视图中更新数据也同在基表中更新数据的操作一样，但当视图是基于多个基表中的数据时，同插入操作一样，每次更新操作只能更新一个基表中的数据。在视图中同样使用 UPDATE 语句进行更新操作，而且更新操作受到同插入操作一样的限制条件。

【例 6-9】 基于【例 6-6】的视图 View_Student，使用 UPDATE 语句修改一条数据。代码如下：

```
UPDATE View_Student
SET studentSex='女'
WHERE studentNo='100160412105'
```

若更新操作成功，则可执行查询语句，分别对基表和视图进行查询，可以看到基表和视图中性别的值均已修改，如图 6-10 所示。

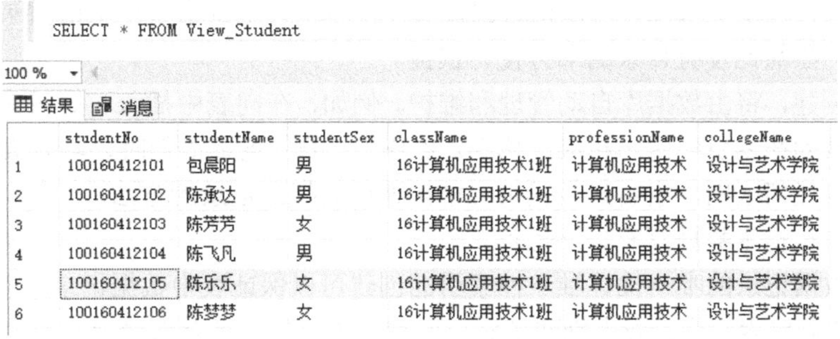

SELECT * FROM View_Student

	studentNo	studentName	studentSex	className	professionName	collegeName
1	100160412101	包晨阳	男	16计算机应用技术1班	计算机应用技术	设计与艺术学院
2	100160412102	陈承达	男	16计算机应用技术1班	计算机应用技术	设计与艺术学院
3	100160412103	陈芳芳	女	16计算机应用技术1班	计算机应用技术	设计与艺术学院
4	100160412104	陈飞凡	男	16计算机应用技术1班	计算机应用技术	设计与艺术学院
5	100160412105	陈乐乐	女	16计算机应用技术1班	计算机应用技术	设计与艺术学院
6	100160412106	陈梦梦	女	16计算机应用技术1班	计算机应用技术	设计与艺术学院

图 6-10 使用 View_Student 更新数据结果

6.2.3　删除数据

同样地，通过视图删除数据与通过基表删除数据的方式一样，都是使用 DELETE 语句实现的，且其限制规则同插入、更新操作一样。在视图中删除的数据同时在基表中也被删除。

当一个视图连接了两个以上的基表时，则不允许删除数据。但是，如果视图的列来自常数或几个字符串列值的和，那么尽管在插入和更新操作时不允许，但却可以在删除操作中进行。在视图中删除的数据行，无论是否包含某些基表中的列，同样被删除，因为删除操作针对数据行进行。

以【例 6-6】创建的视图 View_studentSex 为例。

【例 6-10】　在视图 View_studentSex 中删除 studentNo 为 "100150412101" 的记录。代码如下：

```
DELETE FROM View_studentSex WHERE no='100150412101'
```

执行语句，使用 View_studentSex 删除数据结果如图 6-11 所示。

6.3　索引

在关系数据库中，索引是一种可以加快数据检索的数据库结构，它主要用于提高性能。因为索引可以从大量的数据中迅速地找到所需要的数据，不再需要检索整个数据库，从而大大增加了检索的效率。

图 6-11　使用 View_studentSex 删除数据结果

6.3.1　索引概述

索引是一个单独的、物理的数据库结构，它是某个表中一列或若干列的集合和相应的指向表中物理标识这些值的数据页的逻辑指针清单。索引的建立依赖于表，它提供了数据库中编排表中数据的内部方法。一个表存储由两部分组成，一部分用来存放表的数据页面，另一部分存放索引页面。索引就存放在索引页面上，通常，索引页面相对于数据页面来说小得多。当进行数据检索时，系统先搜索索引页面，从中找到所需数据的指针，再直接通过指针从数据页面中读取数据。从某种程度上来说，可以把数据库看作一本书，把索引看作书的目录，通过目录查找书中的信息，显然比没有目录的书方便、快捷。

索引一旦创建，将由数据库自动管理和维护。例如，在向表中插入、更新或删除一条记录时，数据库会自动在索引中做出相应的修改。在编写 SQL 查询语句时，具有索引的表与不具有索引的表没有任何区别，索引只是提供一种快速访问指定记录的方法。

利用索引进行检索数据具有以下优点。

（1）保证数据记录的唯一性。唯一性索引的创建可以保证表中数据记录不重复。

（2）加快数据检索速度。表中创建了索引的列几乎可以立即响应查询，因为在查询时数据库会首先搜索索引列，找到要查询的值，然后按照索引中的位置确定表中的行，从而缩短了查询时间；而未创建索引的列在查询时需要等待很长的时间，因为数据库会按照表的顺序逐行进行搜索。

（3）加快表与表之间的连接速度。如果从多个表中检索数据，而每个表中都有索引列，则数据库可以通过直接搜索各表的索引列找到需要的数据。不但加快了表间的连接速度，也加快了表间的查询速度。

（4）在使用 ORDER BY 和 GROUP BY 子句进行检索数据时，可以显著减少查询中分组和排序的时间。如果在表的列中创建索引，在使用 ORDER BY 和 GROUP BY 子句对数据进行检索时，其执行速度将大大提高。

（5）可以在检索数据的过程中使用优化隐藏器，提高系统性能。在执行查询操作的过程中，数据库会自动地对查询进行优化，所以在建立索引后，数据会依据所建立的索引采取相应的措施而使检索的速度最快。

虽然索引具有诸多优点，但是仍要注意避免在一个表上创建大量的索引，否则不但会影响插入、删除、更新数据的性能，也会在更改表中数据时，增加调整所有索引的操作，降低系统的维护速度。

在 SQL Server 2017 系统中，有两种基本类型的索引：聚集索引和非聚集索引。除此之外，还有唯一索引、包含索引、索引视图、全文索引、XML 索引等。在这些索引类型中，聚集索引和非聚集索引是数据库引擎中索引的基本类型，是理解唯一索引、包含索引和索引视图的基础。

6.3.2 聚集索引

在 SQL Server 中，索引按 B-Tree 结构进行组织。索引 B-Tree 中的每一页称为一个索引结点。B-Tree 的顶端结点称为根结点。索引中的底层结点称为叶结点。根结点与叶结点之间的任何索引级别统称为中间级。在聚集索引中，叶结点包含基础表的数据页面。根结点和叶结点包含含有索引行的索引页面。每个索引行包含一个键值和一个指针，该指针指向 B-Tree 上的某中间级页面或叶级索引中的某个数据行。每级索引中的页均被连接在双向连接列表中。

由于真正的数据页面只能按一种方式进行排序，因此一个表只能包含一个聚集索引。聚集索引将数据行的键值在表内排序存储对应的数据记录，使得表的物理顺序与索引顺序一致。如果不是聚集索引，表中各行的物理顺序与键值的逻辑顺序就不会匹配。查询优化器非常适于聚集索引，因为聚集索引的叶级页不是数据页面。因此聚集索引定义了数据的真正顺序，所以对一些范围查询来说该索引能够提供特殊的快速访问。

假如，对于聚集索引 tbStudent 中的 root page 列指向该聚集索引某个特定分区的顶部，SQL Server 2017 将在索引中向下移动以查找与某个聚集索引键对应的行。为了查找键的范围，SQL Server 2017 将在索引中移动以查找该范围的起始键值，然后用向前或向后指针在数据页面中进行扫描。为了查找数据页面的首页，SQL Server 2017 将从索引的根结点沿最左边的指针进行扫描，如图 6-12 所示。

在默认情况下，表中的数据在创建索引时排序。但是，如果聚集索引已经存在，且正在使用同一名称和列重新创建，而数据已经排序，则会重建索引，而不是从头创建该索引。这时就会自动跳过排序操作。重建索引操作会检查行是否在生成索引时进行了排序。如果有任何行排序不正确，即会取消操作，不创建索引。

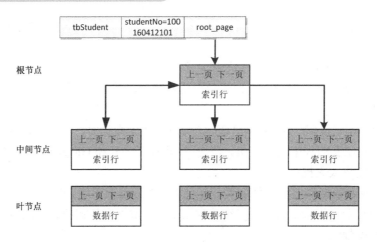

图 6-12　查找数据的聚集索引结构

由于聚集索引的索引页面指针指向数据页面，所以使用聚集索引查找数据几乎总是比使用非聚集索引快。每张表只能建一个聚集索引，并且聚集索引需要至少相当该表 120%的附加空间，以存放该表的副本和索引中间页。

聚集索引按下面介绍的方式实现。

1. PRIMARY KEY 和 UNIQUE 约束

在创建 PRIMARY KEY 约束时，如果不存在该表的聚集索引且未指定唯一非聚集索引，则将自动对一列或多列创建唯一聚集索引。主键列不允许为空值。在创建 UNIQUE 约束时，默认情况下将创建唯一非聚集索引，以便强制 UNIQUE 约束。如果不存在该表的聚集索引，则可以指定唯一聚集索引。将索引创建为约束的一部分后，会自动将索引命名为与约束名称相同的名称。

2. 独立于约束的索引

该索引指定非聚集主键约束后，可以对非主键的列创建聚集索引。

3. 索引视图

若要创建索引视图，可以对一个或多个视图列定义唯一聚集索引。视图将具体化，并且结果集存储在该索引的页级别中，其存储方式与表数据存储在聚集索引中的方式相同。

6.3.3　非聚集索引

非聚集索引的数据存储在一个位置，索引存储在另一个位置，索引带有指针指向数据的存储位置。索引中的项目按索引值的顺序存储，而表中的信息按另一种顺序存储。

非聚集索引与聚集索引具有相同的 B-Tree 结构，但是它与聚集索引有两个重大区别：

（1）数据行不按非聚集索引键的顺序排序和存储。

（2）非聚集索引的叶层不包含数据页面，相反，叶结点包含索引行。每个索引行包含非聚集键值及一个或多个行定位器，这些行定位器指向有该键值的数据行（如果索引不是唯一的，则可能是多行）。

有没有非聚集索引搜索都不影响数据页的组织，因此每个表可以有多个非聚集索引，而不像聚集索引那样只能有一个。在 SQL Server 2017 中，每个表可以创建的非聚集索引最多为 249 个，其中包括 PRIMARY KEY 或 UNIQUE 约束创建的任何索引，但不包括 XML 索引。

如图 6-13 所示为单个分区中的非聚集索引的数据结构。

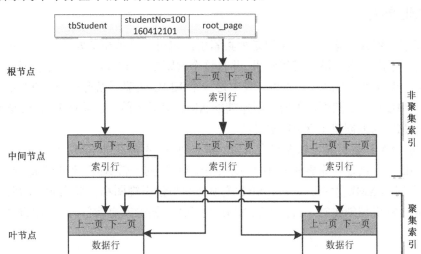

图 6-13 单个分区中的非聚集索引的数据结构

数据库在搜索数据值时,先对非聚集索引进行搜索,找到数据值在表中的位置,然后从该位置直接检索数据。这样使得非聚集索引成为精确查询的最佳方法,因为索引包含描述查询所搜索的数据值在表中的精确位置的条目。

非聚集索引可以提高从表中提取数据的速度,但它也会降低向表中插入和更新数据的速度。当用户改变一个建立了非聚集索引的表的数据时,必须同时更新索引。如果预计一个表需要频繁地更新数据,那么就不要对它建立太多的非聚集索引。另外,如果硬盘和内存空间有限,也应该限制使用非聚集索引的数量。

非聚集索引可以通过下列方法实现。

1. PRIMARY KEY 和 UNIQUE 约束

在创建 PRIMARY KEY 约束时,如果不存在该表的聚集索引且未指定唯一非聚集索引,则将自动对一列或多列创建唯一聚集索引。主键列不允许为空值。在创建 UNIQUE 约束时,默认情况下将创建唯一非聚集索引,以便强制 UNIQUE 约束。如果不存在该表的聚集索引,则可以指定唯一聚集索引。

2. 独立于约束的索引

默认情况下,如果未指定聚集索引,将创建非聚集索引。每个表可以创建的非聚集索引最多为 249 个,其中包括 PRIMARY KEY 或 UNIQUE 约束创建的任何索引,但不包括 XML 索引。

3. 索引视图的非聚集索引

对视图创建唯一的聚集索引后,便可以创建非聚集索引。

对更新频繁的表来说,表上的非聚集索引比聚集索引和根本没有索引需要更多的额外开销。对移到新页的每一行而言,指向该数据的每个非聚集索引的页级行也必须更新,有时可能还需要索引页面的分理。从一个页面删除数据的进程也会有类似的开销,另外,删除进程还必须把数据移到页面上部,以保证数据的连续性。

6.3.4　XML 索引

XML 索引是特殊的索引，既可以是聚集索引，也可以是非聚集索引。在创建 XML 索引之前，必须有基于用户表主键的聚集索引，并且这个键限制为 15 列。可以创建两种类型的 XML 索引：主 XML 索引和辅助 XML 索引。表中每一个 XML 列都可以有一个主 XML 索引和一个或多个辅助 XML 索引。然而，在列上创建辅助 XML 索引之前，必须有主 XML 索引，并且不能在计算的 XML 列上创建主 XML 索引。

也要注意，XML 索引仅可以在单个 XML 列上创建；不能在非 XML 列上创建 XML 索引，也不能在 XML 列上创建关系索引；不能在视图的 XML 列、带 XML 列的表值变量上或 XML 类型的变量上创建 XML 索引。最后，SET 选项必须与索引视图和计算列索引的要求一样。这意味着当 XML 索引被创建时，以及当在 XML 列插入、删除或更新值时，ARITHABORT 必须设置为打开。

6.3.5　确定索引列

可能有人会觉得，索引有如此多的优点，为什么不为表中的每一列创建一个索引呢？这种想法固然有其合理性，但是也有其片面性。虽然索引有许多优点，但是，为表中的每一列都增加索引非常不明智，因为增加索引也有许多不利的因素。

（1）创建索引和维护索引要耗费时间，这种时间随着数据量的增加而增加。

（2）索引需要占物理空间，除了数据表占数据空间之外，每一个索引还要占一定的物理空间，如果要建立聚集索引，那么需要的空间就会更大。

（3）当对表中的数据进行增加、删除和修改时，索引也要动态地维护，这样就降低了数据的维护速度。

（4）索引是建立在数据库表中的某些列上面的。因此，在创建索引时，应该仔细考虑在哪些列上可以创建索引，在哪些列上不能创建索引。表 6-1 列出了选择表和列创建索引的原则。

表 6-1　选择表和列创建索引的原则

适合创建索引的表或列	不适合创建索引的表或列
有许多行数据的表	几乎没有数据的表
经常用于查询的列	很少用于查询的列
有宽范围的值，并且在一个典型的查询中行极有可能被选择的列	有宽范围的值，并且在一个典型的查询中行不太可能被选择的列
用于聚合函数的列	列的字节数大
用于 GROUP BY 查询的列	有许多修改，但很少实际查询的表
用于 ORDER BY 查询的列	
用于表级联的列	

表 6-2 提供了可以使用聚集索引或非聚集索引的列类型。

表 6-2　可以使用聚集索引或非聚集索引的列类型

可以使用聚集索引的列	可以使用非聚集索引的列
被大范围地搜索的主键，如账户	顺序的标识符的主键，如标识列
返回大结果集的查询	返回小结果集的查询
用于许多查询的列	用于聚合函数的列
强选择性的列	外键
用于 ORDER BY 或 GROUP BY 查询的列	
用于表级联的列	

6.4　操作索引

索引是一种物理结构，它能够提供一种以一列或多列的值为基础迅速查找表中行的能力。通过索引，可以大大提高数据库的检索速度，改善数据库性能。在 6.3 节中，介绍了索引的优点、索引的类型及各类型的详细说明等。那么在本节中将具体介绍如何创建索引、管理索引、使用数据库引擎优化顾问等各种操作。

6.4.1　预备工作

为了更好地展示索引后的效果，在创建索引前，先执行如下 SQL 语句，在 tbStudent 中，插入 1000 万条数据。

```
use SYSDB
go
DECLARE @LN VARCHAR(300),@MN VARCHAR(200),@FN VARCHAR(200),@SN VARCHAR(200)
DECLARE @LN_N INT,@MN_N INT,@FN_N INT,@SN_N INT
SET @LN='李王张刘陈杨黄赵周吴徐孙朱马胡郭林何高梁郑罗宋谢唐韩曹许邓萧冯曾程蔡彭潘袁于董余苏叶吕魏蒋田杜丁沈姜范江傅钟卢汪戴崔任陆廖姚方金邱夏谭韦贾邹石熊孟秦阎薛侯雷白龙段郝孔邵史毛常万顾赖武康贺严尹钱施牛洪龚'
SET @MN='德绍宗邦裕傅家积普昌世贻维孝友继绪定呈祥大正启仕执必定仲元魁家生先泽远永盛在人为任伐风树秀文光谨潭棰'
SET @FN='丽云峰磊亮宏红洪量良梁良粮靓七旗奇琪谋牟弭米密祢磊类蕾肋庆情清青兴幸星刑'
SET @SN='男女'

SET @LN_N=LEN(@LN)
SET @MN_N=LEN(@MN)
SET @FN_N=LEN(@FN)
SET @SN_N=LEN(@SN)

DECLARE @TMP VARCHAR(1000),@S_TMP VARCHAR(20), @I INT
SET @I=100
WHILE @I<10000000
BEGIN
    SET @TMP=CAST(SUBSTRING(@LN,CAST(RAND()*@LN_N AS INT),1) AS VARCHAR)
```

```
        SET   @TMP=@TMP+CAST(SUBSTRING(@MN,CAST(RAND()*@MN_N   AS   INT),1)   AS
VARCHAR)
        SET @TMP=@TMP+CAST(SUBSTRING(@FN,CAST(RAND()*@FN_N AS INT),1) AS VARCHAR)
        SET @S_TMP=CAST(SUBSTRING(@SN,CAST(RAND()*@SN_N AS INT),1) AS VARCHAR)
        INSERT      INTO      tbStudent(studentNo,studentName,studentSex,studentBirth,      classNo,
signTime)VALUES('10017'+replace(str(@I,7),'      ','0'),@TMP,@S_TMP,CAST(0xA9150B00     AS     Date),
N'201500010001', CAST(0x0000A91000E82915 AS DateTime))
        SET @I=@I+1
    end
```

执行完毕，新建查询，输入以下 SQL 语句：

```
SELECT [studentNo] ,[studentName],[studentSex],[studentBirth],[classNo],[signTime]
    FROM [SYSDB].[dbo].[tbStudent]
    WHERE studentNo > '100170000100'
```

图 6-14　使用 Table Scan 的执行计划结果

单击快捷工具栏▶执行(X) ■ ✔ ㅁㅁ ⯐ ㅁㅁ ㅁㅁ中的㗊按钮（也可以通过快捷键 Ctrl+L 打开），即可显示出执行计划。单击各个组件，可以查看预估的开销，如图 6-14 所示。

由图 6-14 可知，由于没有建立索引，查询 studentNo 大于"100170000100"的记录时，SQL Server 使用了 Table Scan 方法，也就是对全表进行了全局扫描，所以查询效率低，产生的 I/O 开销、CPU 开销都很高。可以设想，假如当前服务器同时有多个并发查询，服务器的作业负担会极为沉重。

6.4.2　创建索引

在 Microsoft SQL Server 2017 中创建索引的方法主要有两种：一是在 SQL Server Management Studio 中使用现有命令和功能，通过方便的图形化工具创建；二是通过 T-SQL 语句创建。本节将分别阐述两种创建索引的方法。

1. 使用图形化工具创建索引

在了解了创建索引的规则后开始创建索引，首先介绍如何使用图形化工具来创建索引。

【例 6-11】为数据库 SYSDB 中的 tbStudent 表创建一个唯一性的非聚集索引"index_no"。操作步骤如下：

（1）在 Microsoft SQL Server Management Studio 中，连接到包含默认的数据库的服务器实例。

（2）在"对象资源管理器"中，展开"服务器"|"数据库"|"SYSDB"|"表"|"tbStudent"结点，右击"索引"结点，在弹出的快捷菜单中选择"新建索引"命令。

（3）在"新建索引"窗口的"常规"选项页面可以配置索引的名称，选择"索引类型"、是否是唯一索引等，如图 6-15 所示。

（4）单击"添加"按钮，打开"从"dbo.tbStudent"中选择列"窗口，在窗口中的"名称"列表中启用"studentNo"复选框，如图 6-16 所示。

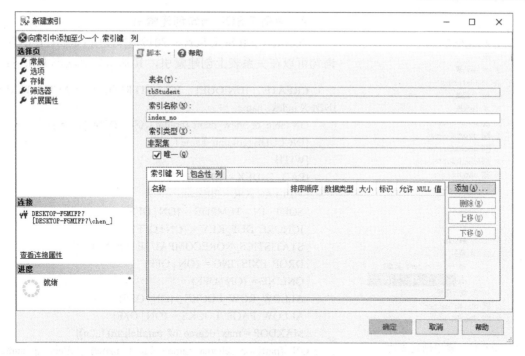

图 6-15 "新建索引"窗口

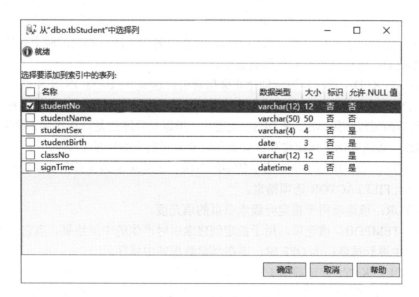

图 6-16 选择索引列

（5）单击"确定"按钮，返回"新建索引"窗口，然后再单击"新建索引"窗口的"确定"按钮，"索引"结点下便生成了一个名为"index_no"的索引，说明该索引创建成功，如图 6-17 所示。

例如，指定数据页面的充满度、进行排序、整理统计信息等，从而优化索引。使用这种方法，可以指定索引类型、唯一性、包含性和复合性，也就是说，既可以创建聚集索引，也可以创建非聚集索引，既可以在一个列上创建索引，也可以在两个或两个以上的列上创建索引。

2. 使用 T-SQL 语句创建索引

在 Microsoft SQL Server 2017 中，使用 CREATE INDEX 语句可以在关系表上创建索引，其基本的语法形式如下：

```
CREATE  [UNIQUE]  [CLUSTERED]  [NONCLUSTERED]
INDEX index_name
    ON table_or_view_name (colum [ASC | DESC] [....n])
    [INCLUDE (column_name [....n])]
    [WITH
    (PAD_INDEX = {ON | OFF}
    | FILLFACTOR = fillfactor
    | SORT_IN_TEMPDB = {ON | OFF}
    | IGNORE_DUP_KEY = {ON | OFF}
    | STATISTICS_NORECOMPAUTE = {ON | OFF}
    | DROP_EXISTING = {ON | OFF}
    | ONLINE = {ON | OFF}
    | ALLOW_ROW_LOCKS ={ON | OFF}
    | ALLOW_PAGE_LOCKS = {ON | OFF}
    | MAXDOP = max_degree_of_parallelism) [....n]]
    ON {partition_schema_name(column. name) | filegroup_name |
default}
```

左侧目录树：

- SYSDB
  - 数据库关系图
  - 表
    - 系统表
    - FileTables
    - 外部表
    - 图形表
    - dbo.tbClass
    - dbo.tbCollege
    - dbo.tbCourse
    - dbo.tbProfession
    - dbo.tbScore
    - dbo.tbStudent
      - 列
      - 键
      - 约束
      - 触发器
      - 索引
        - PK_tbStudent (聚集)
        - index_no (唯一，非聚集)
      - 统计信息
    - dbo.tbTeacher
    - dbo.tbUser

图 6-17　索引创建成功

下面逐一解释上述语法中的各个项目。

UNIQUE：该选项表示创建唯一性的索引，在索引列中不能有相同的两个列值存在。

CLUSTERED：该选项表示创建聚集索引。

NONCLUSTERED：该选项表示创建非聚集索引。这是 CREATE INDEX 语句的默认值。

第一个 ON 关键字：表示索引所属的表或视图，这里用于指定表或视图的名称和相应的列名称。列名称后面可以使用 ASC 或 DESC 关键字，指定是升序还是降序排列，默认值是 ASC。

INCLUDE：该选项用于指定将要包含到非聚集索引的页级中的非键列。

PAD_INDEX：该选项用于指定索引的中间页级，也就是说为非叶级索引页指定填充度。这时的填充度由 FILLFACTOR 选项指定。

FLLFACTOR：该选项用于指定叶级索引页的填充度。

SORT_IN_TEMPDB：该选项，用于指定创建索引时产生的中间结果。当它为 ON 时，在 tempdb 数据库中进行排序；为 OFF 时，则在当前数据库中排序。

IGNORE_DUP_KEY：该选项用于指定唯一性索引键冗余数据的系统行为。当它为 ON 时，系统发出警告信息，违反唯一性的数据插入失败；为 OFF 时，取消整个 INSERT 语句，并且发出错误信息。

STATISTICS_NORECOMPAUTE：该选项用于指定是否重新计算过期的索引。当它为 ON 时，不自动计算过期的索引统计信息；为 OFF 时，启动自动计算功能。

DROP_EXISTING：该选项用于指定是否可以删除指定的索引，并且重建该索引。当它为 ON 时，可以删除并重建已有的索引；为 OFF 时，不能删除重建。

ONLINE：该选项用于指定索引操作期间基础表和关联索引是否可用于查询。当它为 ON 时，不持有表锁，允许用于查询；为 OFF 时，持有表锁，索引操作期间不能执行查询。

ALLOW_ROW_LOCKS：该选项用于指定是否使用行锁。当它为 ON 时，表示使用行锁。

ALLOW_PAGE_LOCKS：该选项用于指定是否使用页锁。当它为 ON 时，表示使用页锁。

MAXDOP：该选项用于指定索引操作期间覆盖最大并行度的配置选项，主要目的是限制执行并行计划过程中使用的处理器数量。

下面通过一个具体实例来说明怎样使用 CREATE INDEX 创建索引。

【例 6-12】 通过代码的形式，创建【例 6-11】中通过图形化工具创建的名称为 "index_no" 的唯一的非聚集索引。代码如下：

```
USE [SYSDB]
GO
CREATE UNIQUE NONCLUSTERED INDEX [index_no]
ON [tbStudent] (studentNo)
GO
```

创建索引后，重新执行语句：

```
SELECT [studentNo] ,[studentName],[studentSex],[studentBirth],[classNo],[signTime]
    FROM [SYSDB].[dbo].[tbStudent]
    WHERE studentNo > '100170000100'
```

查看执行计划结果，如图 6-18 所示。该图显示查询使用了效率更高的聚集索引，因此查询效率优化很多。

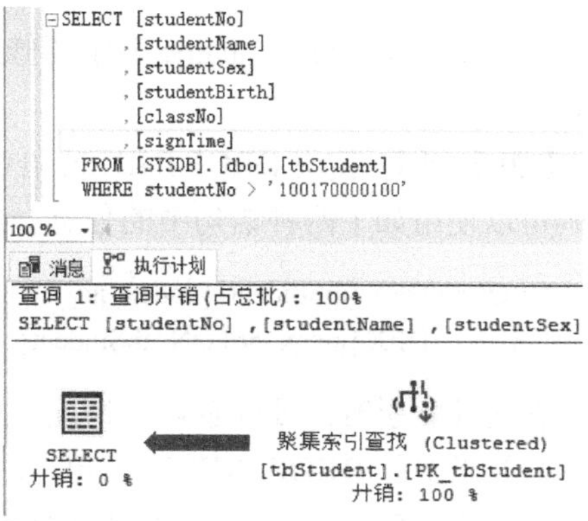

6.4.3 管理索引

在用户创建了索引之后，由于数据的增加、删除、更新等操作会使索引页出现碎块，为了提高系统的性能，必须对索引进行维护管理。与创建索引一样，管理索引的方法也有两种，即使用方便的图形化工具和使用 T-SQL 语句进行管理。下面主要介绍使用 T-SQL 语句管理索引。

图 6-18 聚集索引执行计划

1．修改索引

当数据更改后，要重新生成索引、重新组织索引或禁止索引。重新生成索引表示删除索引并且重新生成，这样可以根据指定的填充度压缩页来删除碎片、回收磁盘空间、重新排序索引。重新组织索引对索引碎片的整理程度低于重新生成索引选项。禁止索引则表示禁止用户访问索引。

ALTER INDEX 语句的基本语法形式如下。

重新生成索引的语法形式：

```
ALTER INDEX index_name ON table_or_view_name REBUILD
```

重新组织索引的语法形式：

```
ALTER INDEX index_name ON table_or_view_name REORGANIZE
```

禁用索引的语法形式：

ALTER INDEX index_name ON table_or_view_name DISABLEs

上述语句中，index_name 表示要修改的索引名称；table_or_view_name 表示当前索引基于的表名或视图名。

【例 6-13】 使用 ALTER INDEX 语句重新生成【例 6-12】创建的索引"index_no"。代码如下：

```
USE [SYSDB]
GO
ALTER INDEX [index_no]
ON [tbStudent] REBUILD
GO
```

2. 删除索引

当不再需要索引时，可以删除索引。在 SQL Server 2017 中，使用 DROP INDEX 语句来删除索引，具体的语法格式如下：

DROP INDEX <table or view name>.<index name>

也可以使用如下语法格式：

DROP INDEX <index name> ON <table or view name>

上述语句中，index_name 表示要修改的索引名称，table_or_view_name 表示当前索引基于的表名或视图名。

【例 6-14】 使用 DROP INDEX 语句将 tbStudent 表中的名称为"index_no"的索引删除。代码可以使用如下两种语句中的任意一条：

```
DROP INDEX [tbStudent].[ index_no]
DROP INDEX [index_no] ON [tbStudent]
```

在删除索引时，要注意以下情况：

（1）当执行 DROP INDEX 语句时，SQL Server 2017 释放被该索引所占的磁盘空间。

（2）不能使用 DROP INDEX 语句删除由主键约束或唯一性约束创建的索引。要想删除这些索引，必须先删除这些约束。

（3）当删除表时，该表的全部索引也将被删除。

（4）当删除一个聚集索引时，该表的全部非聚集索引重新自动创建。

（5）不能在系统表上使用 DROP INDEX 语句。

6.4.4　查看索引

索引信息包括索引统计信息和索引碎片信息，通过查询这些信息分析索引性能，可以更好地维护索引。

1. 查看索引信息

在 Microsoft SQL Server 2017 系统中，可以使用一些目录视图和系统函数查看有关索引信息。这些目录视图和系统函数如表 6-3 所示。

表6-3　查看索引信息的目录视图和系统函数

目录视图和系统函数	描　述
sys.indexes	用于查看有关索引类型、文件组、分区方案、索引选项等信息
sys.index_columns	用于查看列ID、索引内的位置、类型、排列等信息
sys.stats	用于查看与索引关联的统计信息
sys.stats_columns	用于查看与统计信息关联的列ID
sys.xml_indexes	用于查看XML索引信息，包括索引类型、说明等
sys.dm_db_index_physical_stats	用于查看索引大小、碎片统计信息等
sys.dm_db_index_operational_stats	用于查看当前索引和表I/O统计信息等
sys.dm_db_index_usage_stats	用于查看按查询类型排列的索引使用情况统计信息
INDEXKEY_PROPERTY	用于查看索引的索引列的位置及列的排列顺序
INDEXPROPERTY	用于查看元数据中存储的索引类型、级别数量和索引选项的当前设置等信息
INDEX_COL	用于查看索引的键列名称

2. 查看索引碎片

在"对象资源管理器"中，右击要查看碎片信息的索引，从弹出的快捷菜单中选择"属性"命令，打开"索引属性"窗口，在"选择页"中选择"碎片"选项，可以看到当前索引的碎片信息，如图6-19所示。

图6-19　查看索引碎片

3. 查看统计信息

在"对象资源管理器"中，展开"tbStudent"表中的"统计信息"结点，右击要查看统计信息的索引（如"index_no"索引），从弹出的快捷菜单中选择"属性"命令，打开"统计信息属性"窗口，从"选项页"中选择"详细信息"选项，可以看到当前索引的统计信息，如图 6-20 所示。

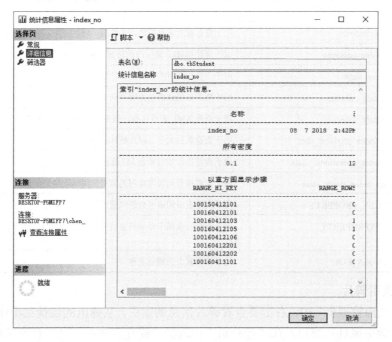

图 6-20　查看详细的统计信息

6.5　小结

本章学习了如下内容：

视图：视图简介；使用 SSMS 和 T-SQL 管理视图，包括创建视图、修改视图、删除视图和查看视图。

索引：索引概述，包括索引简介、索引类型；使用 SSMS 和 T-SQL 管理索引，包括创建索引、删除索引和查看索引。

6.6　课后练习

一、选择题

1. 以下关于视图的表述中，错误的是（　　）。

A. 视图不是真实存在的基础表，而是一张虚表

B. 当对通过视图看到的数据进行修改时，相应的基本表的数据也要发生变化

C. 在创建视图时，若其中某个目标列是聚合函数时，必须指明视图的全部列名

D. 在一个语句中，一次可以修改一个以上视图对应的基表

2. 使用 T-SQL 创建视图时，不能使用的关键字是（　　）。

A. ORDER BY　　　　　　　　　　　　　B. WHERE

C. COMPUTE   D. WITH CHECK OPTION

3．下面关于唯一索引表述不正确的是（   ）。

A．某列创建了唯一索引则这一列为主键

B．不允许插入重复的列值

C．某列创建为主键，则该列会自动创建唯一索引

D．一个表中可以有多个唯一索引

4．某数据表已经将列 F 定义为主关键字，则以下表述中错误的是（   ）。

A．列 F 的数据是有序排列的

B．列 F 的数据在整个数据表中是唯一存在的

C．不能再给此数据表建立聚集索引

D．当为其他列建立非聚集索引时，将导致此数据表的记录重新排列

二、判断题

1．视图中存储的是物理数据。（   ）

2．一旦创建视图后，其中的内容不能被修改。（   ）

3．索引是一个系统自动创建和维护的系统文件。（   ）

4．数据库中如果不建立相应的索引文件，在查询时会经常出错。（   ）

5．表中只能有一个聚集索引，但可以有多个非聚集索引。（   ）

6．数据库系统中建立过多的索引会使系统效率降低。（   ）

三、名词解释

1．视图

2．聚集索引

四、简答题

1．举例说明视图有哪些特点。

2．举例说明完全索引的应用场合和优点。

3．聚集索引和非聚集索引有什么区别？

第7章

T-SQL

结构化查询语言（Structured Query Language，SQL）是一个非过程化的语言，它一次处理一个记录，对数据提供自动导航。SQL 允许用户在高层的数据结构上工作，而不对单个记录进行操作，可操作记录集。所有 SQL 语句接受集合作为输入，返回集合作为输出。SQL 的集合特性允许一条 SQL 语句的结果作为另一条 SQL 语句的输入。SQL 不要求用户指定对数据的存放方法，该特性使用户更容易集中精力于要得到的结果。所有的 SQL 语句使用查询优化器。查询优化器知道存在什么索引，哪儿适合使用，而用户不需要知道表是否有索引、表的索引类型，还可以由它决定对指定数据存取的最快速度的方式。

由于主流的关系数据库管理系统都支持 SQL 语言，在 SQL Server 上使用 SQL 语句与在 MYSQL 上大同小异。所有用 SQL 编写的程序都是可移植的，掌握 SQL 语言是学好 SQL Server 2017 的最基础、最重要的内容之一。

7.1 T-SQL 基本概念

T-SQL 语言是标准的 SQL Server 的扩展，是标准的 SQL 程序设计语言的增强版，是应用程序与 SQL Server 沟通的主要语言。T-SQL 是 SQL Server 系统产品独有的，其他的关系数据库不支持 T-SQL。

7.1.1 SQL 发展史

- 1986 年 10 月由美国 ANSI 公布最早的 SQL 标准。
- 1989 年 4 月，ISO 提出了具备完整性特征的 SQL，称为 SQL89。
- 1992 年 11 月，ISO 又公布了新的 SQL 标准，称为 SQL92。
- 1999 年，ISO 又公布了新的 SQL 标准，称为 SQL3。

7.1.2 SQL 特点

1. 综合统一

SQL 语言集数据定义语言 DDL、数据操纵语言 DML、数据控制语言 DCL 的功能于一体，语言风格统一，可以独立完成数据库生命周期中的全部活动，包括定义关系模式、录入数据以建立数据库、查询、更新、维护、数据库重构、数据库安全性控制等一系列操作，这就为数据库应用系统开发提供了良好的环境。例如，用户在数据库投入运行后，还可根据需要随时逐步地修改模式，并不影响数据库的运行，从而使系统具有良好的可扩充性。

2. 高度非过程化

非关系数据模型的数据操纵语言是面向过程的语言，用其完成某项请求必须指定存取路径。而用 SQL 语言进行数据操作，用户只需提出"做什么"，而不必指明"怎么做"，因此用户无须了解存取路径，存取路径的选择及 SQL 语句的操作过程由系统自动完成。这不但大大减轻了用户负担，而且有利于提高数据独立性。

3. 面向集合的操作方式

SQL 语言采用集合操作方式，不仅查找结果可以是元组的集合，而且一次插入、删除、更新操作的对象也可以是元组的集合。非关系数据模型采用的是面向记录的操作方式，任何一个操作其对象都是一条记录。例如，查询所有平均成绩在 80 分以上的学生姓名，用户必须说明完成该请求的具体处理过程，即如何用循环结构按照某条路径一条一条地把满足条件的学生记录读出来。

4. 以同一种语法结构提供两种使用方式

SQL 语言既是自含式语言，又是嵌入式语言。作为自含式语言，它能够独立地用于联机交互的使用方式，用户可以在终端键盘上直接输入 SQL 命令对数据库进行操作。作为嵌入式语言，SQL 语句能够嵌入到高级语言（如 C、PB）程序中，供程序员设计程序时使用。而在两种不同的使用方式下，SQL 语言的语法结构基本上是一致的。这种以统一的语法结构提供两种不同的使用方式的做法，为用户提供了极大的灵活性与方便性。

7.1.3 SQL 功能

（1）数据定义功能（DDL）：用户定义、删除和修改数据模式。
（2）数据查询功能（DQL）：用于查询数据。
（3）数据操纵功能（DML）：用于增、删、改数据。
（4）数据控制功能（DCL）：用于控制数据访问权限。

SQL 命令中的常用动词主要分为数据查询、数据定义、数据操纵、数据控制 4 个方面，如表 7-1 所示。

表 7-1 SQL 的常用动词表

数据查询	SELECT
数据定义	CREATE、ALTER、DROP
数据操纵	INSERT、UPDATE、DELETE
数据控制	GRANT、REVOKE、DENY

7.2 T-SQL 语法元素

T-SQL 语法元素使用约定如表 7-2 所示。

表 7-2　T-SQL 语法元素使用约定

约　　定	用　　于
大写	T-SQL 关键字
|（竖线）	分隔括号或大括号中的语法项，只能使用其中一项
[]（方括号）	可选语法项，不要键入方括号
{}（大括号）	必选语法项，不要键入大括号
[,...n]	指示前面的项可以重复 n 次，各项之间以逗号分隔
[...n]	指示前面的项可以重复 n 次，每一项由空格分隔
<label> ::=	语法块的名称。此约定用于对可在语句中的多个位置使用的过长语法段或语法单元进行分组和标记

7.2.1　语句批处理

SQL 语句的批处理是包含一个或多个 T-SQL 语句的组，从应用程序一次性地发送到 SQL Server 进行执行。

SQL Server 将批处理的语句编译为一个可执行单元，称为执行计划。执行计划中的语句每次执行一条。一个批以 GO 为结束标记。GO 不是 T-SQL 语句，是由 sqlcmd 和 osql 实用工具及 SQL Server Management Studio 代码编辑器识别的命令。

T-SQL 语法元素使用约定：

数据库包括表、视图和存储过程等对象，对数据库对象名的 T-SQL 引用由 4 部分组成，具体格式如下：

```
[
    服务器名称.[数据库名称].[构架名称].
    |数据库名称.[ 构架名称].
    |构架名称.
]
]
对象名
```

其中：

（1）服务器名称指定连接服务器名称或远程服务器名称。

（2）当对象驻留在 SQL Server 数据库中时，数据库名称指定该 SQL Server 数据库的名称。当对象在连接服务器中时则指定 OLE DB 目录。

（3）架构是包含表、视图、存储过程等数据库对象的容器。

7.2.2　标识符

标识符是表、视图、列、数据库和服务器等对象的名称。对象标识符是在定义对象时创建的，标识符随后用于引用该对象。

SQL Server 的标识符分为两类：常规标识符和分隔标识符。

1. 常规标识符

常规标识符是指符合标识符格式规则的标识符，在 T-SQL 语句中使用常规标识符时不需要将其分割。例如：

SELECT * FROM tbClass　　——查询 tbClass 表中的所有信息

查询结果如图 7-1 所示。

	classNo	className	professionNo
1	201500010001	15计算机应用技术1班	090000100101
2	201600010001	16计算机应用技术1班	090000100101
3	201600010002	16计算机应用技术2班	090000100101
4	201600010003	16计算机应用技术3班	090000100101
5	201600020001	16计算机信息管理1班	090000100102
6	201600020002	16计算机信息管理2班	090000100102

图 7-1　全体班级信息查询结果

标识符 tbClass 为常规标识符。常规标识符格式规则取决于数据库兼容级别。当兼容级别为 90 时，下列规则适用：

第一个字符必须是下列字符之一：

英文字母 a~z 和 A~Z、来自其他语言的字母字符、下画线（_）、at 符号（@）或数字符号（#）。后续字符可以包括：英文字母 a~z 和 A~Z、来自其他语言的字母字符、十进制数字、at 符号（@）、美元符号（$）、数字符号（#）或下画线（_）。标识符一定不能是 T-SQL 保留字。

不允许嵌入空格或其他特殊字符。

2. 分隔标识符

分隔标识符包含在双引号（" "）或方括号（[]）内。

符合标识符格式规则的标识符可以分隔，也可以不分隔。但是，不符合标识符格式规则的标识符必须进行分隔。例如：

SELECT * FROM [My Table] WHERE [order]=10　　——查询 My Table 表中 order 属性为 10 的所有信息

因为 My 和 Table 之间存在空格，不符合标识符格式规则，所以必须使用分隔标识符，否则系统会认为它们是两个标识符，从而报错。[order]也必须使用分隔标识符，因为 order 是 SQL Server 的保留字，用于 ORDER BY 子句。

7.2.3　脚本及注释

脚本是存储在文件中的一系列 T-SQL 语句，该文件可以在 SQL Server Management Studio 的 SQL 编辑器中编写和运行。在 T-SQL 代码中，添加注释信息是一个很好的习惯，便于程序的可读性。

1. 添加单行注释

如果需要添加单行注释，可以使用两个连字符（--）。

例如，SELECT * FROM tbStudent　　--查询所有学生的信息

2．添加多行注释信息

如果需要添加多行注释信息，可以使用正斜杠型号字符对（/**/）。

7.3　T-SQL 变量

在 T-SQL 语言中，经常需要使用变量来临时赋值，变量常用在 T-SQL 代码中作为存储执行的计数器，或者作为临时数据存储场所。

7.3.1　变量

1．种类

（1）全局变量：@@变量名，系统用于记录信息。

（2）局部变量：@变量名，用户使用。

2．声明局部变量

```
DECLARE   @变量名 类型
```

3．赋值

```
SET @变量名=值| 表达式  或  SELECT @变量名=值 | 表达式
```

4．显示变量的值

```
print @变量名 或 SELECT @变量名

DECLARE @name nchar(3)              --声明局部变量@name
DECLARE @grade numeric(3,1)         --声明局部变量@grade
SET @name='王华'                     --为变量@name 赋值
SET @grade=90.5                     --为变量@grade 赋值


DECLARE @name nchar(3)              --声明局部变量@name
DECLARE @grade numeric(3,1)         --声明局部变量@grade
SET @name='王华'                     --为变量@name 赋值
SET @grade=90.5                     --为变量@grade 赋值
PRINT @name+'的成绩为：'             --输出变量值
PRINT @grade
```

【例 7-1】 通过变量进行值互换。交换 a、b 两个字符型变量的值。

```
DECLARE @a char(3),@b char(3)            --声明@a 和@b 两个变量
DECLARE @c char(3)                       --在交换过程中使用到的中间变量@c
SET @a='YES'                             --为变量@a 赋值
SET @b='NO'                              --@b 为变量赋值
PRINT '交换前：@a='+@a+'   @b='+@b
SET @c=@a                                --交换@a 和@b 的值
SET @a=@b
SET @b=@c
```

```
PRINT '交换后：@a='+@a+'   @b='+@b
```

7.3.2　全局变量

全局变量是 SQL Server 系统内部使用的变量，其作用范围并不局限于某一程序，而是任何程序均可随时调用。全局变量通常存储一些 SQL Server 的配置设置值和效能统计数据。用户可在程序中用全局变量来测试系统的设定值或 T-SQL 命令执行后的状态值。引用全局变量时，全局变量名必须以"@@"开头，不能定义与全局变量同名的局部变量。

从 SQL Server 7.0 开始，全局变量就以系统函数的形式使用。例如，通过全局变量 @@ERROR 的值获取系统的错误信息；通过全局变量@@SERVERNAME 的值获取本地服务器名称；通过全局变量@@VERSION 的值获取当前 SQL Server 的版本号。

7.4　流程控制语句

与其他高级语言一样，T-SQL 中也有用于控制流程的语句。T-SQL 中的流程控制语句进一步扩展了 T-SQL 的功能，使得大部分业务逻辑可以在数据库层面进行。T-SQL 中用来编写流程控制模块的语句有 BEGIN...AND 语句、IF...ELSE 语句、CASE 语句、WHILE 语句、GOTO 语句、BREAK 语句、WAITFOR 语句和 RETURN 语句。

7.4.1　语句块

格式：

```
BEGIN
 <T-SQL 命令行或程序块>
 END
```

注：经常与 WHILE 或 IF...ELSE 组合起来使用，可以相互嵌套。

7.4.2　分支语句

IF...ELSE 语句用于条件测试，系统将根据条件满足与否来决定如何执行语句，ELSE 子句是可选的。

格式：

```
IF   条件表达式
    语句块 1
[ ELSE
    语句块 2]
```

IF 的形式通常包括 IF EXISTS（用于判断是否存在）和 IF NOT（是否条件不满足）。

【例 7-2】　两种常用的 IF 语句。

```
IF MONTH(GETDATE())<7
    PRINT('上半年')
```

```
ELSE
    PRINT('下半年')

IF MONTH(GETDATE())<7
  BEGIN
    PRINT('上半年')
    PRINT(GETDATE())
  END
ELSE
  BEGIN
    PRINT('下半年')
    PRINT(GETDATE ())
  END
```

7.4.3　循环语句

WHILE 语句用于执行循环，可以根据循环条件重复执行语句块。通常使用 BREAK 和 CONTINUE 关键字在循环内部进行控制。

格式：

```
WHILE 条件表达式
    循环体语句块
```

注：（1）BREAK 语句让程序跳出循环体，结束 WHILE 的循环。

（2）CONTINUE 语句让程序跳过[循环体语句块]，回到 WHILE 条件表达式，重新判断逻辑值执行。

（3）WHERE 语句可以互相嵌套。

【例 7-3】　WHILE 语句执行循环。

```
DECLARE @i int
SET @i=1
WHILE @i<=10
  BEGIN
    PRINT @i
    SET @i=@i+1
  END
```

7.4.4　多分支语句

CASE 语句用于执行多条件的分支判断。

1. 搜索 CASE 表达式

```
CASE
WHEN 布尔表达式 1 THEN 结果表达式 1
WHEN 布尔表达式 2 THEN 结果表达式 2
…
[ ELSE 结果表达式 n+1 ]
```

```
END
```

常用 CASE 搜索函数样例如下：

```
CASE
WHEN sex = '1' THEN '男'
WHEN sex = '2' THEN '女'
ELSE '其他'
END
```

2. 简单 CASE 表达式

```
CASE  测试表达式
WHEN  简单表达式 1 THEN  结果表达式 1
WHEN  简单表达式 2 THEN  结果表达式 2
…
[ ELSE  结果表达式 n +1 ]
END
```

常用简单 CASE 函数样例如下：

```
CASE sex
WHEN '1' THEN '男'
WHEN '2' THEN '女'
ELSE '其他'
END
```

【例 7-4】 CASE 语句常用示例。

```
DECLARE @x int,@ch varchar(20)
SET @x=10
SET @ch=
CASE
    WHEN @x=4 THEN 'a'
    WHEN @x=8 THEN 'b'
    WHEN @x=10 THEN 'c'
    WHEN @x =12 THEN 'd'
    ELSE 'o'
END
PRINT @ch
```

【例 7-5】 利用 CASE 语句条件赋值变量。

根据贷款额度划分等级：如果贷款额度大于 3000 万元，则等级为"高额贷款"；如果贷款额度在 500 万～3000 万元之间，则等级为"一般贷款"；如果贷款额度小于 500 万元，则等级为"低额贷款"。

```
DECLARE @amount int,@level nchar(4)        --@amount 为贷款额度，@level 为等级
SET @amount=1500                           --假设贷款额度为 1500 万元
SET @level=
CASE
    WHEN @amount>3000 THEN '高额贷款'
```

```
        WHEN @amount BETWEEN 500 AND 3000 THEN '一般贷款'
        WHEN @amount<500 THEN '低额贷款'
END
PRINT @level
```

7.5 常用内置函数

7.5.1 聚合函数

聚合函数对一组值执行计算并返回单一的值，聚合函数经常与 SELECT 语句的 GROUP BY 子句一同使用。所有的聚合函数都为确定性函数。

常用聚合函数：AVG、COUNT、MAX、MIN、SUM。

聚合函数只能在以下位置作为表达式使用：

SELECT 语句的选择列表（子查询或外部查询）

HAVING 子句

1. AVG

功能：返回表达式的平均值（忽略任何空值）。

语法：

```
AVG ( [ ALL | DISTINCT ]expression )
```

参数说明：

ALL：对所有的值进行聚合函数运算。ALL 是默认值。

DISTINCT：指定 AVG 只在每个值的唯一实例上执行，而不管该值出现了多少次。

expression：是精确数值或近似数值数据类别（bit 数据类型除外）的表达式。不允许使用聚合函数和子查询。

返回值类型：由表达式的计算结果类型确定。

【例 7-6】 查询 SYSDB 数据库的 tbScore 表中所有学生的平均成绩，如图 7-2 所示。

```
USE SYSDB          --指定 SYSDB 数据库为要使用的数据库
Go
SELECT AVG(score)    AS 平均成绩
FROM tbScore
```

	平均成绩
1	79.250000

图 7-2 tbScore 表学生平均成绩查询结果

2. COUNT

功能：返回组中的项数。

语法：

```
COUNT( { [ [ ALL | DISTINCT ] expression] | * } )
```

参数说明：

ALL：对所有的值进行聚合函数运算。ALL 是默认值。

DISTINCT：指定 COUNT 返回唯一非空值的数量。

COUNT(*) 不需要表达式参数，因为根据定义，该函数不使用有关任何特定列的信息。COUNT(*) 返回指定表中的行数而不删除副本。它对各行分别计数，包括包含空值的行。

COUNT(ALL|DISTINCT expression) 对组中的每一行都计算表达式并返回非空值的数量。

返回值类型：int。

【例 7-7】 查询 SYSDB 数据库的 tbClass 表的总行数，如图 7-3 所示。

```
USE SYSDB
Go
SELECT COUNT(*) as 记录总数
FROM tbClass
```

【例 7-8】 统计 SYSDB 数据库的 tbCourse 表中的课程总共有几门（courseName），如图 7-4 所示。

```
USE SYSDB
Go
SELECT Count(DISTINCT courseName) as 课程总数
FROM tbCourse
```

图 7-3　查询 tbClass 表的总行数结果　　　　　图 7-4　课程总数查询结果

3. MAX

功能：返回表达式的最大值（忽略任何空值）。对于字符列，MAX 查找按排序序列排列的最大值。

语法：

```
MAX( [ ALL | DISTINCT ] expression)
```

参数说明：同函数 AVG 的参数说明。

返回值类型：与表达式类型相同。

【例 7-9】 查询 SYSDB 数据库的 tbScore 表中所有学生的最高分（score），如图 7-5 所示。

```
USE SYSDB
Go
SELECT MAX(score) AS 最高分
FROM tbScore
```

4. MIN

功能：返回表达式的最小值（忽略任何空值）。对于字符列，MIN 查找按排序序列排列的最低值。

语法：

MIN ([ALL | DISTINCT] expression)

参数说明：同函数 AVG 的参数说明。

返回值类型：与表达式类型相同。

【**例 7-10**】 查询 SYSDB 数据库的 tbScore 表中所有学生的最低分（score），如图 7-6 所示。

```
USE SYSDB
Go
SELECT MIN(score)
FROM tbScore
```

图 7-5　tbScore 表最高分查询结果

图 7-6　tbScore 表最低分查询结果

5. SUM

功能：返回表达式中所有值的和或仅非重复值的和（忽略任何空值）。SUM 只能用于数字列。

语法：

SUM ([ALL | DISTINCT] expression)

参数说明：同函数 AVG 的参数说明。

返回值类型：以最精确的表达式数据类型返回所有表达式值的和。

【**例 7-11**】 查询 SYSDB 数据库的 tbScore 表中所有学生成绩（score）总和，如图 7-7 所示。

```
USE SYSDB
Go
SELECT SUM(score)
FROM tbScore
```

图 7-7　tbScore 表所有学生成绩总和查询结果

7.5.2　常用日期和时间函数

常用日期和时间函数有：GETDATE()、DATEADD()、DATEDIFF()、DATENAME()、DATEPART()，下面一一介绍。

1. GETDATE

功能：返回以 SQL Server 内部格式表示的当前日期和时间。

语法：

GETDATE( )

返回值类型：datetime

2. DATEADD

功能：返回指定日期加上一个时间间隔后的新值。
语法：

DATEADD (datepart , number, date)

参数说明：

datepart：指定要返回新值的日期的组成部分。

number：用于与 datepart 相加的值。如果指定了非整数值，则将舍弃该值的小数部分，不进行舍入。

date：用于返回 datetime 或 smalldatetime 值或日期格式的字符串。

返回值类型：返回数据类型为 date 参数的数据类型，字符串文字除外。字符串文字的返回数据类型为 datetime。

【例 7-12】 计算 2018 年 3 月 20 日加上 18 天后的日期，如图 7-8 所示。

SELECT DATEADD(day,18,'2018/3/20')

3. DATEDIFF

功能：返回跨两个指定日期的日期边界数和时间边界数。
语法：

DATEDIFF (datepart , startdate , enddate)

参数说明：

datepart：指定要返回新值的日期的组成部分。

startdate：计算的开始日期，返回 datetime 或 smalldatetime 值或日期格式字符串的表达式。

enddate：计算的结束日期，返回 datetime 或 smalldatetime 值或日期格式字符串的表达式。

返回值类型：int

【例 7-13】 计算 2018 年 3 月 20 日至 2018 年 10 月 1 日之间的天数，如图 7-9 所示。

SELECT DATEDIFF(day,'2018/3/20','2018/10/1')

图 7-8　日期计算结果　　　　　图 7-9　日期之间天数计算结果

4. DATENAME

功能：返回表示指定日期的指定日期部分的字符串。
语法：

DATENAME (datepart , date)

参数说明：

datepart：指定要返回的日期部分。

date：返回 datetime 或 smalldatetime 值或日期格式字符串的表达式。

返回值类型：nvarchar。

5. DATEPART

功能：返回表示指定日期的指定日期部分的整数。

语法：

DATEPART (datepart , date)

参数说明：

datepart：指定要返回的日期部分。

date：返回 datetime 或 smalldatetime 值或日期格式字符串的表达式。

返回值类型：int。

7.5.3　常用字符串函数

字符串函数用于对字符和二进制字符串进行各种操作。

常用的字符串函数：CHARINDEX()、LEFT()、RIGHT()、LEN()、SUBSTRING()、LTRIM()、RTRIM()、REPLACE()。

1. CHARINDEX

功能：在字符串表达式 expression2 中搜索 expression1 出现时的字符位置并返回。如果在 expression2 内找不到 expression1，则返回 0。

语法：

CHARINDEX (expression1 ,expression2 [, start_location])

参数说明：

expression1：包含要查找的序列的字符表达式。

expression2：要搜索的字符表达式。

start_location：表示搜索起始位置的整数或 bigint 表达式。如果未指定 start_location，或者 start_location 为负数或 0，则将从 expression2 的开头开始搜索。

返回值类型：如果 expression2 的数据类型为 varchar(max)、nvarchar(max)或 varbinary(max)，则为 bigint，否则为 int。

【例 7-14】 查询字符串"ghe"在字符串"abieghed"中的起始位置，如图 7-10 所示。

SELECT CHARINDEX('ghe','abieghed')

图 7-10　字符串起始位置计算结果

2. LEFT

功能：返回字符串中从左边开始指定个数的字符，字符串左边的空格也属于有效字符。

语法：

```
LEFT ( character_expression , integer_expression )
```

参数说明：

character_expression：字符或二进制数据表达式。

integer_expression：正整数，指定 character_expression 将返回的字符数。

返回值类型：当 character_expression 为非 Unicode 字符数据类型时，返回 varchar；当 character_expression 为 Unicode 字符数据类型时，返回 nvarchar。

3. RIGHT

功能：返回字符串中从右边开始指定个数的字符，字符串右边的空格也属于有效字符。

语法：

```
RIGHT ( character_expression , integer_expression )
```

参数说明：

character_expression：字符或二进制数据表达式。

integer_expression：正整数，指定 character_expression 将返回的字符数。

返回值类型：当 character_expression 为非 Unicode 字符数据类型时，返回 varchar；当 character_expression 为 Unicode 字符数据类型时，返回 nvarchar。

4. LEN

功能：返回指定字符串表达式的字符数，其中不包含尾随空格。

语法：

```
LEN ( string_expression )
```

参数说明：

string_expression：要计算其字符数的字符串。

返回值类型：如果 expression 的数据类型为 varchar(max)、nvarchar(max)或 varbinary(max)，则为 bigint；否则为 int。

5. SUBSTRING

功能：返回字符、二进制字符串或文本字符串的一部分。

语法：

```
SUBSTRING(value_expression,start_expression, length_expression )
```

参数说明：

value_expression：字符或二进制字符串、列名称或包含列名称的字符串值表达式，不可使用包含聚合函数的表达式。

start_expression：字符串的开始位置。

length_expression：返回字符串的长度。

返回值类型：如果 expression 是受支持的字符数据类型，则返回字符数据。如果 expression 是支持的 binary 数据类型中的一种数据类型，则返回二进制数据。

【例 7-15】 假设银行代码的第 2 位代表银行名称（其中，1 表示工商银行，2 表示交通银行，3 表示建设银行），请使用函数 SUBSTRING 确定银行代码为"B1210"的银行名称。

```
SELECT CASE SUBSTRING('B1210',2,1)
```

```
                    WHEN 1 THEN '工商银行'
                    WHEN 2 THEN '交通银行'
                    WHEN 3 THEN '建设银行'
                END
```

6. LTRIM

功能：返回删除了前导空格之后的字符表达式。

语法：

```
LTRIM ( character_expression )
```

参数说明：

character_expression：字符数据或二进制数据的表达式。

返回值类型：varchar 或 nvarchar。

7. RTRIM

功能：截断所有尾随空格后返回一个字符串。

语法：

```
RTRIM ( character_expression )
```

参数说明：

character_expression：字符数据或二进制数据的表达式。

返回值类型：varchar 或 nvarchar。

8. REPLACE

功能：用另一个字符串值替换出现的所有指定字符串值。

语法：REPLACE (string_expression1 , string_expression2 , string_expression3)

参数说明：

string_expression1：要搜索的字符串表达式，string_expression1 可以是字符或二进制数据类型。

string_expression2：要查找的字符串，即要被替换掉的字符串。string_expression2 可以是字符或二进制数据类型。

string_expression3：用来做替换的字符串。string_expression3 可以是字符或二进制数据类型。

返回值类型：如果其中的一个输入参数的数据类型为 nvarchar，则返回 nvarchar；否则返回 varchar。

【例 7-16】 使用********替换"我的口令为：123456"中的字符串"123456"。

```
SELECT REPLACE('我的口令为：123456','123456','********')
```

【例 7-17】 删除字符串中的所有空格。

```
SELECT REPLACE('adfd dfaf df dfd   ',' ','')+'.'
```

7.5.4 类型转换函数

常用的类型转换函数：CAST 和 CONVERT。

功能：CAST 函数和 CONVERT 函数的功能相同，都是将一种数据类型的表达式转换为另一种数据类型的表达式。

语法：（CAST 函数和 CONVERT 函数的语法格式不相同）

```
CAST ( expression AS data_type)
CONVERT ( data_type, expression)
```

参数说明：

expression：要被进行类型转换的表达式。

data_type：要转换成的数据类型。

返回值类型：由 data_type 决定。

【例 7-18】 计算两个整数之和。

```
DECLARE @a INT,@b INT,@c INT
SET @a=3
SET @b=5
SET @c=@a+@b
PRINT 'a+b='+CAST(@c   AS   char(1))
```

7.5.5 其他函数类型

其他函数类型有数学函数、加密函数、游标函数、元数据函数、排名函数、行集函数、安全函数、系统函数、系统统计函数、文本和图像函数等。

7.6 小结

本章全面讲述了 T-SQL 语言，详细介绍了 T-SQL 的基本概念、语法元素及 T-SQL 变量等内容，着重讲述了几种重要的流程控制语句及常用内置函数，并对其使用进行了详细介绍。通过本章的学习，读者能够对 T-SQL 语言有全面、深入的掌握，并能够在实际操作中进行灵活运用。

7.7 课后练习

一、填空题

1. 在 SQL Server 2017 中，一个批处理语句是以_____结束的。

2. 如果要计算表中数据的平均值，可以使用的聚合函数是_____。

3. 在 SQL Server 2017 中创建数据库的语句是_____，而修改数据库的语句是_____。

二、选择题

1. SQL 语言按照用途可以分为三类，下面选项中（   ）不是。

A．DML   B．DCL   C．DQL   D．DDL

2. SQL Server 提供的单行注释语句是使用（   ）开始的一行内容。

A．"/*"　　　　　　B．"--"　　　　　C．"｛"　　　　D．"/"

3．下面不属于数据定义功能的 SQL 语句是（　　　）。

A．CREATE TABLE　　　　　　　　B．CREATE CURSOR

C．UPDATE　　　　　　　　　　　D．ALTER TABLE

4．在 SQL Server 中局部变量前面的字符为（　　　）。

A．*　　　　　　　　B．#　　　　　　　C．@@　　　　　D．@

5．在 T-SQL 语言中，若要修改某张表的结构，应该使用的修改关键字是（　　　）。

A．ALTER　　　　　　B．UPDATE　　　　C．UPDAET　　　D．ALLTER

三、简答题

1．试述 SQL 语言的特点。

2．声明一个长度为 16 的字符型变量 cname，并赋初值为"数据库系统概述"。请按前面的要求写出相应语句。

3．说明下述语句的作用。

```
CREATE Trigger employee_update
    on   employees for update
AS
    IF update (employeeid)
BEGIN
    Rollback   tran
END
```

四、操作题

1．利用 T-SQL 语句声明一个长度为 16 的 nchar 型变量 bookname，并赋初值为"SQL Server 数据库编程"并打印出来。

2．从班级表中查询女同学的最大年龄、最小年龄、平均年龄。

3．声明一个变量存放字符串"Information engineering college"，对其进行如下操作并使用 print 输出各个操作的结果：将该字符串全部转换为小写并进行输出；输出整个字符串的长度；提取左边两个字符进行输出；将"college"字符串用"institute"代替。

第8章

自定义函数和存储过程

自定义函数是接受参数、执行操作（如复杂计算）并将操作结果以值的形式返回的例程，而存储过程是由一个或多个 T-SQL 语句或对 Microsoft.NET Framework 公共语言运行（CLR）方法的引用构成的一个组。通过本章的学习，可以掌握使用企业管理器和 T-SQL 语言创建和管理自定义函数及存储过程，并应用自定义函数和存储过程编写 SQL 语句从而优化查询和提高数据访问速度。前面章节介绍了一些函数的使用方法，如 SUM、GETDATE 等，这些函数都是系统函数。除了使用系统提供的函数外，用户还可以根据需要自定义函数。

8.1 用户自定义函数

用户自定义函数是 SQL Server 重要的数据库对象，与编程语言中的函数类似。用户自定义函数不能用于执行一系列改变数据库状态的操作，但它可以像系统函数一样在查询或存储过程等的程序段中使用，也可以像存储过程一样通过 EXECUTE 命令来执行。

在 SQL Server 中，根据函数返回值的形式将用户自定义函数分为两类，分别是表值函数和标量函数。

8.1.1 表值函数

如果函数的返回值为表，则函数为表值函数。根据函数主体的定义方式，表值函数又可分为内嵌表值函数或多语句表值函数。

1. 内嵌表值函数

如果 RETURNS 子句指定的 TABLE 不附带字段列表，则该函数为内嵌表值函数。该类型函数由单个 SELECT 语句定义，函数返回的表的字段来自定义该函数的 SELECT 语句的字段列表。内嵌表值函数的语法如下：

```
CREATE FUNCTION [ owner_name. ] function_name
```

```
([{ @parameter_name [AS] scalar_parameter_data_type [= default]) [, ....n]])
RETURNS TABLE
[with < function_option > [ [,] ...n ]]
[AS]
RETURN [()select-stmt [ ] ]
```

参数说明：

TABLE：指定返回值为 TABLE（表）。

select-stmt：单条 SELECT 语句。

【例 8-1】 创建函数 FuncGetStu，功能为根据传递过来的学号查询该学生的基本信息，如图 8-1 所示。

```
CREATE FUNCTION FuncGetStu
(
@stuno char(12)
)
RETURNS TABLE
AS
RETURN
(
SELECT * FROM tbStudent WHERE studentNo=@stuno
)
```

其中，@stuno 为传递过来的学号参数。

创建内嵌表值函数后，由于函数的返回值为表，因此可以将其名称放在 SELECT 语句的 FROM 子句中调用它。例如：

```
SELECT * FROM FuncGetStu('100150412101')
```

	studentNo	studentName	studentSex	studentBirth	classNo	signTime
1	100150412101	韩凯丰	男	1989-12-06	201500010001	2018-07-01 14:05:16.230

图 8-1　使用函数查询学生信息

【例 8-2】 创建函数 FuncGetCourse，功能为根据传递过来的最低学时，查询该学时以上的所有课程基本信息，如图 8-2 所示。

```
CREATE FUNCTION FuncGetCourse
(
@coursehour int
)
RETURNS TABLE
AS
RETURN
(
SELECT * FROM tbCourse WHERE courseHour>@coursehour
)
```

其中，@coursehour 为传递过来的最低学时。

用 SELECT 语句调用如下：

```
SELECT * FROM FuncGetCourse(30)
```

	courseNo	courseName	courseHour	courseCredit	courseTerm	teacherNo	professionNo
1	060101400701	计算机基础	36	3	1	100020010012	090000100101
2	060101400702	计算机网络	60	4	2	100020140050	090000100101
3	060101400703	WEB前端技术	96	6	4	100020080001	090000100101

图 8-2　使用函数查询课程信息

2.　多语句表值函数

如果 RETURNS 子句指定的 TABLE 类型带有字段及其数据类型，则该函数是多语句表值函数。多语句表值函数的主体中允许使用多种语句。由此可见，它可以进行多次查询，对数据进行多次筛选与合并，弥补了内嵌表值函数的不足。其语法如下：

```
CREATE FUNCTION [owner_name.] function_name
([{@parameter_name [AS] scalar_parameter_data_type [=default]}
[,...n]])
RETURNS @return_variable TABLE <table_type_ definition >
[WITH < function_option > [ [,] ...n ]
[AS]
BEGIN
  Function_body
  RETURN
END
```

参数说明：

@return_variable：table 类型的变量。当程序调用函数时，函数返回的就是该变量的值。

【例 8-3】 创建函数 FuncGetStuCourse，功能为根据传递过来的学号查询该学生所选课程，如图 8-3 所示。

```
CREATE FUNCTION FuncGetStuCourse
(
@stuno varchar(12)
)
RETURNS @temp TABLE
(
coursename varchar(12),
coursehour varchar(12),
coursecredit varchar(12),
courseterm varchar(12)
)
AS
BEGIN
insert into @temp
SELECT    tbCourse.courseName, tbCourse.courseHour, tbCourse.courseCredit, tbCourse.courseTerm
FROM    tbStudent LEFT OUTER JOIN
tbClass ON tbStudent.classNo = tbClass.classNo LEFT OUTER JOIN
```

```
tbCourse ON tbClass.professionNo = tbCourse.professionNo where tbStudent.studentNo=@stuno
RETURN
END
```

其中，@stuno 为传递过来的学号。

用 SELECT 语句调用如下：

```
SELECT * FROM FuncGetStuCourse('100150412101')
```

	coursename	coursehour	coursecredit	courseterm
1	计算机基础	36	3	1
2	计算机网络	60	4	2
3	WEB前端技术	96	6	4

图 8-3　使用函数查询课程相关信息

8.1.2　标量函数

标量函数返回一个确定类型的标量值，其返回值类型为除 TEXT、NTEXT、IMAGE、CURSOR、TIMESTAMP 和 TABLE 类型外的其他数据类型。函数体语句定义在 BEGIN-END 语句内。在 RETURNS 子句中定义返回值的数据类型，并且函数的最后一条语句必须为 RETURN 语句。标量函数的格式如下：

```
CREATE FUNCTION [owner_name.] function_name
([{@parameter_name [AS] scalar_parameter_data_type [=default]}
[,...n]])
RETURNS scalar_return_ data_type
[WITH < function_ option> [[,] ...n] ]
[AS]
BEGIN
    function_body
    RETURN scalar_expression
END
```

参数说明：

function_body：由多条 T-SQL 语句组成的函数体。

scalar_expression：用户定义函数要返回的标量值表达式。

【例 8-4】 创建函数 FuncGetCourseTerm，功能为根据传递过来的课程名称查询该课程开设的学年，如图 8-4 所示。

```
CREATE FUNCTION FuncGetCourseTerm
(@coursename varchar(12))
RETURNS int
BEGIN
    DECLARE @result int
    SELECT @result=
    (SELECT courseterm
    FROM tbCourse
    WHERE coursename=@coursename)
```

```
        RETURN @result
END
```

其中，@ coursename 为传递过来的课程名称。

用 SELECT 语句调用如下：

```
SELECT dbo.FuncGetCourseTerm('计算机基础') as courseterm
```

图 8-4 查询课程相关学期信息

8.2 创建和执行存储过程

存储过程（Stored Procedure）是预编译 SQL 语句的集合，代替了传统的逐条执行 SQL 语句的方式。一个存储过程中可包含查询、插入、删除、更新等操作的一系列 SQL 语句，当这个存储过程被调用执行时，这些操作也会同时执行。存储过程具有如下优点。

（1）减少了服务器/客户端网络流量。过程中的命令作为代码的单个批处理执行。这可以显著减少服务器和客户端之间的网络流量，因为只有对执行过程的调用才会跨网络发送。如果没有过程提供的代码封装，每个单独的代码行都不得不跨网络发送。

（2）更强的安全性。多个用户和客户端程序可以通过过程对基础数据库对象执行操作，即使用户和程序对这些基础对象没有直接权限。过程控制执行进程和活动，并且保护基础数据库对象。这消除了在单独的对象级别授予权限的要求，并且简化了安全层。

（3）代码的重复使用。任何重复的数据库操作的代码都非常适合于在过程中进行封装。这消除了不必要的重复编写相同的代码而降低了代码不一致性，并且允许拥有所需权限的任何用户或应用程序访问和执行代码。

（4）更容易维护。在客户端应用程序调用过程并且将数据库操作保持在数据层中时，对于基础数据库中的任何更改，只有过程是必须更新的。应用程序层保持独立，并且不必知道对数据库布局、关系或进程的任何更改情况。

（5）改进的性能。默认情况下，在首次执行过程时将编译过程，并且创建一个执行计划，供以后执行时重复使用。因为查询处理器不必创建新计划，所以，它通常用更少的时间来处理过程。

（6）存储过程可以接受与使用参数动态执行其中的 SQL 语句。

（7）存储过程允许模块化程序设计。存储过程一旦创建，以后即可在程序中调用任意多次，这可以改进应用程序的可维护性，并允许应用程序统一访问数据库。

存储过程与其他编程语言中的过程类似，它可以接受输入参数并以输出参数的格式向调用过程或批处理返回多个值；包含用于在数据库中执行操作（包括调用其他过程）的编程语句；向调用过程或批处理返回状态值，以指明成功或失败（及失败的原因）。

SQL Server 提供了 3 种类型的存储过程。

1. 系统存储过程

系统存储过程用来管理 SQL Server 及显示有关数据库和用户信息的存储过程。系统存储过程主要存储在 master 数据库中并以"sp_"为前缀，并且该存储过程主要是从系统表中获取信息，从而为 SQL Server 系统管理员提供支持。通过系统存储过程，SQL Server 中许多管理性或信息性的活动都可以被顺利有效地完成。尽管这些系统存储过程被放在 master 数据库中，但是仍可以在其他数据库中对其进行调用，在调用时不必在存储过程名前加上数据库名。而且当创建一个新数据库时一些系统存储过程会在新数据库中被自动创建。

常用的系统存储过程有如下几种。

● 显示服务器中数据库信息：

EXEC SP_HELP [数据库名]

● 显示服务器中可以使用的所有数据库信息：

EXEC SP_DATABASE

● 重命名数据库：

EXEC SP_RENAMEDB 原数据库名,新数据库名

● 查看表信息：

EXEC SP_HELP [表名]

● 重命名表：

EXEC SP_RENAME 原表名,新表名

● 查看视图名称等信息：

EXEC SP_HELP 视图名

● 查看视图的脚本定义：

EXEC SP_HELPTEXT 视图名

● 查看索引

EXEC SP_HELPINDEX 表名

2. 自定义存储过程

在 SQL Server 中，用户可以通过 SQL 语句创建存储过程。用户可以输入参数，向客户端返回表格或结果等，也可以返回输出参数。自定义存储过程是本章重点讲解的存储过程。

3. 扩展存储过程

通过编程语言（如 C 语言）创建外部例程，并将这个例程在 SQL Server 中作为存储过程使用。扩展存储过程可以在 SQL Server 环境外执行的动态链接库（DLL，Dynamic-Link-Libraries）来实现。扩展存储过程通过前缀"xp_"来标识，它们以与存储过程相似的方式来执行。

8.2.1 简单存储过程

在 SQL Server 中，可以使用 CREATE PROCEDURE 语句创建存储过程。需要强调的是，必须具有 CREATE PROCEDURE 权限才能创建存储过程，存储过程是架构作用域中的对象，只能在本地数据库中创建。在创建存储过程时，应该指定所有的输入参数、执行数据库操作的编程语句、返回至调用过程或批处理时表示成功或失败的状态值、捕获和处理潜在错误时的错误处理语句等。

使用 CREATE PROCEDURE 语句创建存储过程的语法如下：

```
CREATE PROC EDURE procedure_name [; number]
[(@parameter_data_type)
[VARYING] [=default] [OUTPUT][,...n]
[WITH {RECOMPILE|ENCRYPTION|RECOMPILE, ENCRYPTION}]
[FOR REPLICATION]
AS sql_statement[...n]
```

参数说明：

procedure_name：新存储过程的名称。过程名称在架构中必须唯一，可在 procedure_name 前面使用一个数字符号（#）来创建局部临时过程，使用两个数字符号（##）来创建全局临时过程。

number：可选的整数，用来对同名的过程分组，使用一个 DROP PROCEDURE 语句可将这些分组过程一起删除。如果名称中包含分隔标识符，则数字不应包含在标识符中，只能在 procedure_name 前后使用适当的分隔符。

@parameter：过程中的参数。在 CREATE PROCEDURE 语句中可以声明一个或多个参数。除非定义了参数的默认值或将参数设置为等于另一个参数，否则用户必须在调用过程时为每个声明的参数提供值。如果指定了 FOR REPLICATION，则无法声明参数。

data_type：参数的数据类型。所有数据类型均可以用作存储过程的参数。

default：参数的默认值。如果定义了 default 值，则无须指定此参数的值即可执行过程。默认值必须是常量或 NULL。

OUTPUT：指示参数是输出参数。此选项的值可以返回给调用 EXECUTE 的语句，使用 OUTPUT 参数将值返回给过程的调用方。除非是 CLR 过程，否则 text、ntext 和 image 参数不能用作 OUTPUT 参数。OUTPUT 关键字的输出参数可以为游标占位符，CLR 过程除外。

<sqL_statement>：包含在过程中的一个或多个 T-SQL 语句。

1. 使用向导创建存储过程

在 SQL Server 中，使用向导创建存储过程的步骤如下：

（1）启动 SQL Server Management Studio 并连接到 SQL Server 中的数据库。

（2）在"对象资源管理器"中选择指定的服务器和数据库，展开数据库的"可编程性"结点，右击"存储过程"，在弹出的快捷菜单中选择"新建存储过程"命令，如图 8-5 所示。

（3）弹出"创建存储过程"窗口，如图 8-6 所示。

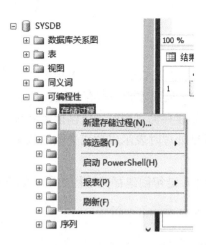

图 8-5 "新建"存储过程

```
CREATE PROCEDURE <Procedure_Name, sysname, ProcedureName>
    -- Add the parameters for the stored procedure here
    <@Param1, sysname, @p1> <Datatype_For_Param1, , int> = <Default_Value_For_Param1, , 0>,
    <@Param2, sysname, @p2> <Datatype_For_Param2, , int> = <Default_Value_For_Param2, , 0>
AS
BEGIN
    -- SET NOCOUNT ON added to prevent extra result sets from
    -- interfering with SELECT statements.
    SET NOCOUNT ON;

    -- Insert statements for procedure here
    SELECT <@Param1, sysname, @p1>, <@Param2, sysname, @p2>
END
GO
```

图 8-6 "创建存储过程"窗口

在"创建存储过程"窗口的文本框中，可以看到系统自动给出了创建存储过程的格式模板语句，可对工具模板格式进行修改来创建新的存储过程。

2. 执行存储过程

存储过程创建完成后，可以通过 EXECUTE 语句执行，可简写为 EXEC。此外，EXECUTE语句可以用来执行 T-SQL 中的命令字符串、字符串或执行下列模块之一：系统存储过程、自定义存储过程、标量函数或扩展存储过程。

【例 8-5】 创建存储过程 ClearStudent，清空全部学生信息。

CREATE PROCEDURE ClearStudent
AS
DELETE FROM tbStudent

使用 EXECUTE 语句执行该存储过程：

EXECUTE ClearStudent

执行后 tbStudent 表中所有数据被清空。

【例 8-6】 创建存储过程 GetStuDetail，查询学生所属班级及所属专业，如图 8-7 所示。

CREATE PROCEDURE GetStuDetail
AS
SELECT tbStudent.studentNo,tbStudent.studentName,

tbClass.className, tbProfession.professionName
FROM tbStudent INNER JOIN tbClass ON tbStudent.classNo = tbClass.classNo
INNER JOIN tbProfession ON tbClass.professionNo = tbProfession.professionNo

使用 EXECUTE 语句执行该存储过程：

EXECUTE GetStuDetail

	studentNo	studentName	className	professionName
1	100150412101	韩凯丰	15计算机应用技术1班	计算机应用技术
2	100160412101	包晨阳	16计算机应用技术1班	计算机应用技术
3	100160412102	陈承达	16计算机应用技术1班	计算机应用技术
4	100160412103	陈芳芳	16计算机应用技术1班	计算机应用技术
5	100160412104	陈飞凡	16计算机应用技术1班	计算机应用技术
6	100160412105	陈乐乐	16计算机应用技术1班	计算机应用技术
7	100160412106	陈梦梦	16计算机应用技术1班	计算机应用技术
8	100160412201	段淇	16计算机应用技术2班	计算机应用技术
9	100160412202	方佳	16计算机应用技术2班	计算机应用技术
10	100160413101	吴群	16计算机信息管理1班	计算机信息管理

图 8-7　执行存储过程查询相关学生信息

【例 8-7】 创建存储过程 GetInfoByClass，查询 "16 计算机应用技术 1 班" 的所有学生的学号、姓名和性别，如图 8-8 所示。

CREATE PROCEDURE GetInfoByClass
AS
SELECT studentNo,studentName,studentSex FROM tbStudent
WHERE ClassNo=(SELECT ClassNo FROM tbClass WHERE className='16 计算机应用技术 1 班')

使用 EXECUTE 语句执行该存储过程：

EXECUTE GetInfoByClass

	studentNo	studentName	studentSex
1	100160412101	包晨阳	男
2	100160412102	陈承达	男
3	100160412103	陈芳芳	女
4	100160412104	陈飞凡	男
5	100160412105	陈乐乐	男
6	100160412106	陈梦梦	女

图 8-8　执行存储过程查询相关学生信息

8.2.2　带参数存储过程

存储过程的优势不仅在于存储在服务器端、运行速度快，更重要的一点是存储过程可完成的功能非常强大。在数据库中使用的存储过程大多数带有参数。这些参数的作用是在存储过程和调用程序之间传递数据。从调用程序向存储过程传递数据时会被过程内的输入参数接收，而想将存储过程内的数据传递给调用程序时，则会通过输出参数传递。

存储过程的参数在创建时应在 CREATE PROCEDURE 和 AS 关键字之间定义，每个参数都要指定参数名和数据类型，参数名必须以@符号为前缀，可以为参数指定默认值。如果是输出参数，则应用 OUTPUT 关键字描述。

1. 输入参数

输入参数，即指在存储过程中有一个条件，在执行存储过程时若为该条件的指定值，则通过存储过程返回相应的信息。使用输入参数可以用同一个存储过程多次查找数据库。

【例 8-8】创建存储过程 GetProcStudent，通过输入学号参数查询学生信息，如图 8-9 所示。

```
CREATE PROCEDURE GetProcStudent
@stuno varchar(12)
AS
SELECT * FROM tbStudent WHERE studentNo=@stuno
```

其中，@stuno 是学号参数。

使用 EXECUTE 语句执行该存储过程：

```
EXECUTE GetProcStudent '100160412103'
```

	studentNo	studentName	studentSex	studentBirth	classNo	signTime
1	100160412103	陈芳芳	女	NULL	201600010001	2018-07-01 14:05:16.230

图 8-9 执行存储过程查询相关学生信息

【例 8-9】创建存储过程 GetProcCourse，输入专业编号和学分，查询该专业内学分比输入学分高的课程信息，如图 8-10 所示。

```
CREATE PROCEDURE GetProcCourse
@professionno varchar(12),
@coursecredit int
AS
SELECT * FROM tbCourse WHERE professionNo=@professionno
AND courseCredit>@coursecredit
```

其中，@ professionno 是专业编号参数，@ coursecredit 是学分参数。

使用 EXECUTE 语句执行该存储过程：

	courseNo	courseName	courseHour	courseCredit	courseTerm	teacherNo	professionNo
1	060101400702	计算机网络	60	4	2	100020140050	090000100101
2	060101400703	WEB前端技术	96	6	4	100020080001	090000100101

图 8-10 执行存储过程查询相关课程信息

【例 8-10】创建存储过程 GetProcScore，输入学生学号、课程编号和分数，修改该学生该课程的分数为输入分数。

```
CREATE PROCEDURE GetProcScore
@studentNo varchar(12),
@courseno varchar(12),
@score int
AS
UPDATE tbScore set score=@score WHERE studentNo=@studentNo
AND   courseNo=@courseno
```

其中，@ studentNo 是学号参数，@ courseno 是课程参数，@ score 是分数参数。

使用 EXECUTE 语句执行该存储过程：

```
EXECUTE GetProcScore '100160412101','060101400701',89
```

执行以后，学号为"100160412101"的学生，编号为"060101400701"的课程的分数修改为 89。

2. 输出参数

如果想将存储过程内的数据传递给调用程序，则应该在存储过程中使用输出函数。

【例 8-11】 创建存储过程 GetStuSex，根据学生学号查询学生性别，并作为输出参数输出，如图 8-11 所示。

```
CREATE PROCEDURE GetStuSex
(
    @stuno varchar(12),
    @stusex varchar(4) output
)
AS
SELECT @stusex=studentSex FROM tbStudent
WHERE studentNo=@stuno
```

其中，@stuno 是学号参数；@stusex 是性别参数，为输出参数。

使用 EXECUTE 语句执行该存储过程：

```
DECLARE @sex varchar(4)
EXECUTE GetStuSex '100150412101',@sex output
SELECT @sex
```

【例 8-12】 创建存储过程 sp_Pager，分页查询数据表数据，并把记录总数作为输出参数输出，如图 8-12 所示。

	(无列名)
1	男

图 8-11 性别输出参数

	(无列名)
1	10

图 8-12 总人数输出参数

```
CREATE PROCEDURE sp_Pager
@tableName varchar(64),
@columns varchar(512),
@order varchar(256),
@pageSize int,
@pageIndex int,
@where varchar(1024) = '1=1',
@totalCount int output
AS
DECLARE @beginIndex int,@endIndex int,@sqlResult nvarchar(2000),@sqlGetCount nvarchar(2000)
SET @beginIndex = (@pageIndex - 1) * @pageSize + 1
SET @endIndex = (@pageIndex) * @pageSize
SET @sqlresult = 'select '+@columns+' from (
SELECT row_number() over(order by '+ @order +')
AS Rownum,'+@columns+'
```

```
FROM '+@tableName+' WHERE '+ @where +') as T
WHERE  T.Rownum  between  ' + CONVERT(varchar(max),@beginIndex) + ' and ' +
CONVERT(varchar(max),@endIndex)
SET @sqlGetCount = 'select @totalCount = count(*) from '+@tablename+' where ' + @where
EXEC(@sqlresult)
EXEC sp_executesql @sqlGetCount,N'@totalCount int output',@totalCount output
```

其中，@tableName 是表名，@columns 是要查询的字段，@order 是排序方式，@pageSize 是每页大小，@pageIndex 是当前页码，@where 是查询条件，@totalCount 是总记录数。

使用 EXECUTE 语句执行该存储过程：

```
DECLARE @total int
EXEC sp_Pager 'tbStudent','Id,studentName','studentNo','desc',4,2,'1=1',@total output
PRINT @total
```

该语句的功能为：分页查询 tbStudent 表的编号及学生姓名数据，每页 4 条记录，返回第 2 页记录，输出总记录数。

8.3 管理存储过程

学会了如何创建存储过程及如何使用存储过程后，还要掌握如何管理存储过程。管理好存储过程能够提高数据库用户对数据库查询的效率。

8.3.1 查看存储过程

许多系统存储过程、系统函数和目录视图都提供有关存储过程的信息，可以使用这些系统存储过程来查看存储过程的定义。

通过下面的方式查看存储过程。

1. 使用 sys.sql_modules 查看存储过程的定义

sys.sql_modules 为系统视图，通过该视图可以查看数据库中的存储过程。查看存储过程的操作方法如下：

（1）单击工具栏中"新建查询"按钮。

（2）在新建查询编辑器中输入如下代码：

```
SELECT * FROM sys.sql_modules
```

（3）单击"执行"按钮，执行该查询命令，查询结果如图 8-13 所示。

使用该方法能够查询到当前数据库中存储过程的基本信息。

2. 使用 OBJECT_DEFINITION 查看存储过程的定义

返回指定对象定义的 T-SQL 源文本，语法格式如下：

```
SELECT OBJECT_DEFINITION ( object id )
```

参数说明：

object id：要使用的对象的 ID。object id 的数据类型为 int，并假定表示当前数据库上下文中的对象，可由上一步骤获取。

	object_id	definition	uses_ansi_nulls	uses_quoted_identifier	is_schema_bound	uses_database_collation
1	885578193	CREATE FUNCTION FuncGetStu (@stuno char(12)) ...	1	1	0	0
2	901578250	CREATE FUNCTION FuncGetCourse (@coursehour int ...	1	1	0	0
3	917578307	CREATE FUNCTION FuncGetStuCourse (@stuno varcha...	1	1	0	1
4	933578364	create function FuncGetCourseTerm (@coursename varc...	1	1	0	0
5	949578421	CREATE PROCEDURE GetStudent AS SELECT * FROM tbStu...	1	1	0	0
6	965578478	CREATE PROCEDURE GetCourse AS select * from tbCour...	1	1	0	0
7	981578535	CREATE PROCEDURE GetStuDetail AS SELECT tbStudent...	1	1	0	0
8	997578592	CREATE PROCEDURE GetInfoByClass AS select studentN...	1	1	0	0
9	1013578649	CREATE PROCEDURE GetProcStudent @stuno varchar(12) ...	1	1	0	0
10	1029578706	CREATE PROCEDURE GetProcCourse @professionno varcha...	1	1	0	0
11	1045578763	CREATE PROCEDURE GetProcScore @studentno varchar(12...	1	1	0	0

图 8-13　查询结果

【例 8-13】　查询编号为 885578193 的存储过程，如图 8-14 所示。

```
SELECT OBJECT_DEFINITION('885578193')
```

	(无列名)
1	CREATE FUNCTION FuncGetStu (@stuno char(12)) RETURNS TABLE AS RETURN (select * from tbStudent where studentNo=@stuno)

图 8-14　查询存储过程定义

8.3.2　修改存储过程

在使用存储过程时，一旦发现存储过程不能完成需要的功能，则需要修改原有的存储过程。

修改存储过程可以改变存储过程当中的参数或语句，可以通过 SQL 语句中的 ALTER PROCEDURE 语句实现。

1. 使用 ALTER PROCEDURE 语句修改存储过程

ALTER PROCEDURE 语句用来修改通过执行 CREATE PROCEDURE 语句创建的存储过程。

【例 8-14】　修改存储过程 GetStudent，使其能查询所有男生。

```
ALTER PROCEDURE GetStudent
AS
SELECT * FROM tbStudent WHERE studentSex='男'
```

【例 8-15】　修改存储过程 GetProcStudent，使其能够根据姓名查询该学生信息。

```
ALTER PROCEDURE GetProcStudent
@stuname varchar(12)
AS
SELECT * FROM tbStudent WHERE studentName=@stuname
```

2. 使用图形化界面修改存储过程

具体操作步骤如下：

（1）打开 SQL Server Management Studio 并连接到 SQL Server 中的数据库。

（2）选择存储过程所在的数据库并展开树状结构。

（3）选择"可编程性"结点中的"存储过程"。

（4）右键单击"dbo.GetStudent"，在弹出的快捷菜单中选择"修改"命令，弹出修改界面，如图 8-15 和图 8-16 所示。

图 8-15　修改存储过程

```
USE [SYSDB]
GO
/****** Object:  StoredProcedure [dbo].[GetStudent]    Script Date: 2018-08-20 9:09:10 ******/
SET ANSI_NULLS ON
GO
SET QUOTED_IDENTIFIER ON
GO
ALTER PROCEDURE [dbo].[GetStudent]
 AS
 SELECT * FROM tbStudent
```

图 8-16　修改存储过程定义

（5）修改图 8-16 所示的代码，并单击工具栏中的"执行"按钮即完成对当前存储过程的修改。

8.3.3　重命名存储过程

重命名存储过程可以通过执行 sp_rename 系统存储过程实现或通过图形化界面手动操作。

1. 执行 sp_rename 系统存储过程重命名存储过程

sp_rename 系统存储过程可以在当前数据库中更改用户创建对象的名称。此对象可以是表、索引、列、别名数据类型或存储过程等。语法格式如下：

sp_rename [@objname=]'object_name',[@newname=]'new_name' [.[@objtype=]'object_type']

其中，object_name 为存储过程原名称，new_name 为存储过程新名称。

【例 8-16】 修改存储过程 GetProcStudent 的名称为 GetStu。

sp_rename 'GetProcStudent','GetStu'

2. 手动操作重命名存储过程

（1）打开 SQL Server Management Studio 并连接到 SQL Server 中的数据库。

（2）选择存储过程所在的数据库并展开树状结构。

（3）单击"可编程性"结点中的"存储过程"。

（4）右键单击"dbo.GetProcStudent"，在弹出的快捷菜单中选择"重命名"命令，如图 8-17 所示。

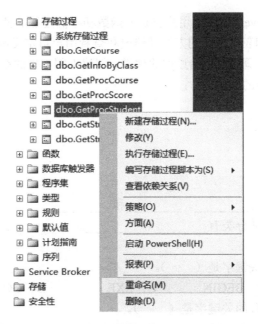

图 8-17　重命名存储过程

（5）在原名称处输入新的存储过程名称即可完成该存储过程重命名。

8.3.4　删除存储过程

删除存储过程可以通过执行 DROP PROCEDURE 语句实现或通过图形化界面手动操作。

1. 使用 DROP PROCEDURE 语句删除存储过程

删除存储过程的基本语法如下：

```
DROP PROCEDURE [procedure][,...n]
```

【例 8-17】　删除存储过程 GetStudent。

```
DROP PROCEDURE GetStudent
```

2. 使用图形化界面删除存储过程

具体步骤如下：

（1）打开 SQL Server Management Studio 并连接到 SQL Server 中的数据库。

（2）选择存储过程所在的数据库并展开树状结构。

（3）单击"可编程性"结点中的"存储过程"。

（4）右键单击"dbo.GetStudent"，在弹出的快捷菜单中选择"删除"命令，即完成对该存储过程的删除操作。

8.4 小结

本章讲述了 SQL Server 2017 中用户自定义函数和存储过程的使用。通过本章的学习，可以掌握自定义标量函数和表值函数的方法及修改和查看用户自定义函数、删除用户自定义函数的操作；掌握存储过程的概念及存储过程的种类；创建不同类型的存储过程及修改、删除存储过程；掌握系统存储过程的使用。

8.5 课后练习

一、填空题

1. 存储过程的分类有_____、_____和_____。

2. 用户自定义函数的分类有_____和_____。

二、选择题

1. 执行存储过程的关键字是（　　）。

A. EXECUTE　　　B. BEGIN　　　　C. EXE　　　　D. GO

2. 删除一个存储过程的关键字是（　　）。

A. DEL　　　　　B. DROP　　　　C. DELETE　　　D. 以上都不是

3. 下面关于用户自定义函数的说法正确的是（　　）。

A. 用户自定义函数的返回值是标量的表值的数

B. 用户自定义函数不能修改

C. 用户自定义函数的修改实际上就是创建了一个同名的自定义函数

D. 以上都不正确

4. 修改自定义函数的关键词是（　　）。

A. UPDATE FUNCTION　　　　　B. ALTER FUNCTION

C. MODIFY FUNCTION　　　　　D. 以上都不正确

三、简答题

1. 简述存储过程的概念及存储过程的优点。

2. 简述创建存储过程的方法。

3. 简述如何创建用户自定义函数。

四、操作题

1. 创建一个存储过程，向任意数据表中添加一条记录。

2. 创建一个自定义函数判断是否出生在 1990 年前。

3. 创建一个存储过程，输出学号，查询该学生所有成绩。

第9章

触发器

在数据库系统中，如何保存数据表中数据的完整性，是一个重要的问题。在 SQL Server 中，一般可通过约束、缺省和规则实现数据完整性。当业务逻辑趋于复杂，尤其是涉及不同数据表（库）时，仅仅使用上述方法无法保证数据的完整性。本章将讨论如何使用触发器的功能，解决较复杂的数据相关性问题。这是利用 T-SQL 语言进行程序设计的较高技术和技巧。

9.1 触发器概述

SQL Server 提供了两种主要机制来强制使用业务规则和数据完整性：约束和触发。触发器能够完成主键和外键不能保证的复杂的数据完整性和数据一致性的约束，可以对数据表进行级联操作，提供比 CHECK 约束更为复杂的数据完整性。

除此之外，触发器也是针对数据表（库）的特殊的存储过程，不同的是执行存储过程要使用 EXEC 语句来调用，而触发器的执行不需要使用 EXEC 语句来调用，也不允许设置参数。当某个表发生了 INSERT、UPDATE 或 DELETE 操作时，与之相关的表会自动激活执行并可以处理各种复杂的操作。在 SQL Server 2017 中，触发器有了更进一步的功能，在数据表（库）发生 CREATE、ALTER 和 DROP 操作时，也会自动激活执行。

9.1.1 触发器的优点和作用

1. 触发器的优点

（1）触发器是自动的。当对表中的数据做了任何修改（如手工输入或应用程序采取的操作）之后立即激活。

（2）触发器可以通过数据库中的相关表进行层叠更改。

（3）触发器可以强制限制。这些限制比用 CHECK 约束所定义的更复杂。与 CHECK 约束不同的是，触发器可以引用其他表的列。

2．触发器的作用

（1）强制数据库间的引用完整性。

（2）级联修改数据库中所有相关的表，自动触发其他与之相关的操作。

（3）跟踪变化，撤销或回滚违法操作，防止非法修改数据。

（4）可以返回自定义的错误信息，而约束无法返回信息。

（5）触发器可以调用更多的存储过程。

9.1.2　3种类型的触发器

SQL Server 2017中包括3类触发器：DML触发器、DDL触发器和登录触发器。

1．DML触发器

DML触发器发生数据操纵语言（DML）事件时自动生效，以便影响触发器中定义的表或视图。DML事件包括INSERT、UPDATE或DELETE语句。DML触发器可用于强制业务规则和数据完整性、查询其他表并包括复杂的T-SQL语句。将触发器和触发它的语句作为可在触发器内回滚（ROLLBACK TRANSACTION）的单个事务对待。如果检测到错误（如磁盘空间不足），则整个事务即自动回滚。

DML触发器主要有3种类型：AFTER触发器、INSTEAD OF触发器和CLR触发器。

（1）AFTER触发器。在执行INSERT、UPDATE、DELETE语句的操作之后执行AFTER触发器。如果违反了约束，则永远不会执行AFTER触发器，因此该触发器不能用于任何可能违反约束的处理。

（2）INSTEAD OF触发器。INSTEAD OF触发器将替代触发语句的标准操作，因此，触发器可用于对一个或多个列执行错误或值检查，然后在插入、更新或删除行之前执行其他操作。

INSTEAD OF触发器的主要优点是可以使不能更新的视图支持更新。例如，基于多个基表的视图必须使用INSTEAD OF触发器来支持引用多个表中数据的插入、更新和删除操作。

（3）CLR触发器。CLR触发器可以是AFTER触发器或INSTEAD OF触发器。CLR触发器还可以是DDL触发器。CLR触发器将执行在托管代码（在.NET Framework中创建并在SQL Server中上载的程序集的成员）中编写的方法，而不用执行T-SQL存储过程。

2．DDL触发器

DDL触发器是响应各种数据定义语言（DDL）事件而激发的触发器。这些事件主要与以关键字CREATE、ALTER、DROP、GRANT、DENY、REVOKE或UPDATE STATISTICS开头的T-SQL语句对应。执行DDL式操作的系统存储过程也可以激发DDL触发器。

DDL触发器的类型主要有T-SQL DDL触发器和CLR DDL触发器。

（1）T-SQL DDL触发器。T-SQL DDL触发器用于执行一个或多个T-SQL语句以响应服务器范围或数据库范围事件的一种特殊类型的T-SQL存储过程。例如，如果执行某个语句（如ALTER SERVER CONFIGURATION）或使用DROP TABLE删除某个表，则激发DDL触发器。

（2）CLR DDL触发器。CLR DDL触发器将执行在托管代码中编写的方法，而不用执行T-SQL存储过程。仅在运行触发CLR DDL触发器的DDL语句后，CLR DDL触发器才会被激发。CLR DDL触发器无法作为INSTEAD OF触发器使用。对于影响局部或全局临时表和存储过程的事件，不会触发CLR DDL触发器。

3. 登录触发器

登录触发器是响应 LOGON 事件而激发的触发器。与 SQL Server 实例建立用户会话时将引发此事件。登录触发器将在登录的身份验证阶段完成之后且用户会话实际建立之前激发。因此，来自触发器内部且将到达用户的所有消息（如错误消息和来自 PRINT 语句的消息）会传递到 SQL Server 错误日志。如果身份验证失败，将不激发登录触发器。

常用的触发器主要是 DML 触发器和 DDL 触发器，下面将对这 3 种触发器进行学习。

9.1.3 触发器原理

为什么要使用触发器？例如，下面两个表：

```
CREATE TABLE tbStudent(                  --学生表
studentNo varchar(12) primary key,       --学号
....
)

CREATE TABLE tbScore(                     --成绩表
studentNo varchar(12),
courseNo varchar(12),
Score Decimal(5,2))
```

使用到的功能有：

（1）在更改学生表学号的同时，成绩表记录仍然与这个学生相关（也就是同时更改成绩表的学号）。

（2）如果该学生已经退学，在删除学生表的学号的同时，也删除该生的成绩表记录。

触发器有两个特殊的表：插入表（inserted 表）和删除表（deleted 表）。这两个表是逻辑表也是虚表。系统在内存中会自动创建两个表，但不会存储在数据库中。而且两个表都是只读的，只能读取数据而不能修改数据。两个表的结果总是与被改触发器应用的表的结构相同。当触发器完成工作后，这两个表就会被删除。inserted 表的数据是插入或是修改后的数据，而 deleted 表的数据是更新前的或是删除的数据。

1. INSERT 触发器的工作原理

当一条记录插入到表中时，INSERT 触发器自动触发执行，相应的插入触发器创建一个 inserted 表，新的记录被增加到该触发器表和 inserted 表中。它允许用户参考初始的 INSERT 语句中的数据，触发器可以检查 inserted 表，以确定该触发器里的操作是否应该执行和如何执行。

2. DELETE 触发器的工作原理

当从表中删除一条记录时，DELETE 触发器自动触发执行，相应的删除触发器创建一个 deleted 表，deleted 表是一个逻辑表，用于保存已经从表中删除的记录，该 deleted 表允许用户参考原来 DELETE 语句删除的已经记录在日志中的数据。应该注意：当被删除的记录放在 deleted 表中时，该记录就不会存在于数据库的表中了。因此，deleted 表和数据库表之间没有共同的记录。

3. UPDATE 触发器的工作原理

修改一条记录就等于插入一条新记录，删除一条旧记录。进行数据更新也可以看成由删除一条旧记录的 DELETE 语句和插入一条新记录的 INSERT 语句组成。当在某一个触发器表的

上面修改一条记录时，UPDATE 触发器自动触发执行，相应的更新触发器创建一个 deleted 表和 inserted 表，表中原来的记录移动到 deleted 表中，修改过的记录插入到 inserted 表中，如表 9-1 所示。

表 9-1   临时表

对表的操作	inserted 逻辑表	deleted 逻辑表
增加记录（INSERT）	存放增加的记录	无
删除记录（DELETE）	无	存放被删除的记录
修改记录（UPDATE）	存放更新后的记录	存放更新前的记录

4. INSTEAD OF 触发器

前面 3 种触发器都是 AFTER 触发器。使用 AFTER 触发器首先会建立 inserted 表和 deleted 表，然后执行 T-SQL 语句中的数据操作，最后才会执行触发器中的代码。此外，SQL Server 2017 还支持 INSTEAD OF 触发器，使用 INSTEAD OF 触发器则是在建立 inserted 表和 deleted 表后直接执行触发器。

9.2   创建和管理触发器

可以使用企业管理器和 T-SQL 对触发器进行创建和管理，下面对这两种方法分别进行介绍。

9.2.1   创建触发器

触发器可以在企业管理器中创建，也可以通过 T-SQL 语言创建。

1. 使用 SQL Server Management Studio 向导创建触发器

使用 SQL Server Management Studio 向导创建触发器的操作步骤如下：

（1）打开 SQL Server Management Studio，选择服务器→"数据库"→"SYSDB"→"表"，选择要创建触发器的表，右键单击"触发器"，在弹出的快捷菜单上选择"新建触发器"命令，如图 9-1 所示。

（2）弹出如图 9-2 所示的界面。在文本框中输入创建触发器的 T-SQL 语句，有关创建触发器的 T-SQL 语句将在后面的章节中详细介绍。

2. 使用 T-SQL 语句创建 DML 触发器

（1）创建触发器可以使用 CREATE TRIGGER 语句，其语法格式如下：

```
CREATE TRIGGER    trigger_name
ON     {table_name |view}
[ WITH ENCRYPTION ]
AFTER {[INSERT][,][DELETE][,][UPDATE]|[INSTEAD OF]}
{[DELETE][,][INSERT][,][UPDATE] }
AS
sql_statement
```

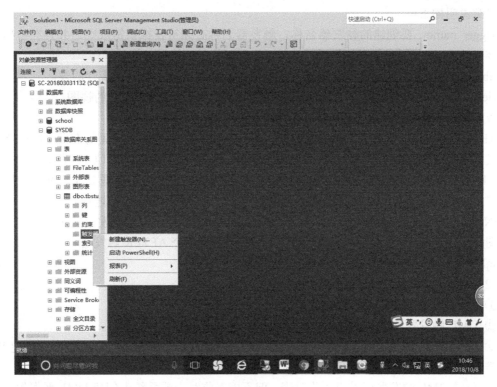

图 9-1　创建触发器

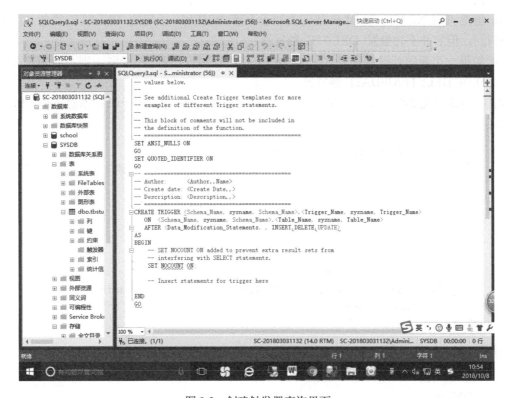

图 9-2　创建触发器查询界面

参数说明如下：

trigger_name：要创建的触发器名称。触发器名称必须符合标识符规则，并且在数据库中必须唯一。

table_name：指定所创建的触发器与之相关联的表名，必须是一个现存的表。

view：指定所创建的触发器与之相关联的视图名，必须是一个现存的视图。

WITH ENCRYPTION：加密创建触发器的文本。

AFTER{[INSERT] [,][DELETE] [,][UPDATE]}：指定所创建的触发器将在发生哪些事件时被触发，即指定创建触发器的类型。INSERT 表示创建插入触发器，DELETE 表示创建删除触发器，UPDATE 表示创建更新触发器，必须至少指定一个选项。在触发器定义中允许使用以任意顺序组合的这些关键字。如果指定的选项多于一个，以逗号分隔这些选项。

INSTEAD OF：是一种动作执行前的触发器类型，用触发器代替触发语句进行操作。在表或视图中只能定义一个 INSTEAD OF 触发器，可以定义多个 AFTER 触发器。

sql_statement：指定触发器执行的 T-SQL 语句。

（2）创建 DML 触发器前应注意下列问题：

① CREATE TRIGGER 语句必须是批处理中的第一个语句。

② DML 触发器为数据库对象，其名称必须遵循标识符的命名规则。

③ 虽然 DML 触发器可以引用当前数据库以外的对象，但只能在当前数据库中创建 DML 触发器。

④ 虽然 DML 触发器可以引用临时表，但不能对临时表或系统表创建 DML 触发器。不应引用系统表，而应使用信息架构视图。

⑤ 虽然 TRUNCATE TABLE 语句类似于不带 WHERE 子句的 DELETE 语句（用于删除所有行），但它并不会触发 DELETE 触发器。

⑥ 如果一个表的外键包含对定义的 DELETE/UPDATE 操作的级联，则不能为表上定义 INSTEAD OF DELETE/UPDATE 触发器。

对于 9.1.3 节提到的学生表和成绩表的关联，可以使用触发器。对于（1），创建一个 UPDATE 触发器：

```
CREATE TRIGGER tbStudent_update_studentNo
    ON tbStudent                          --在 Student 表中创建触发器
    AFTER Update                          --为什么事件触发
AS                                        --事件触发后所要做的事情
    if Update(studentNo)
    BEGIN
      Update tbScore
        SET studentNo=i.studentNo
        FROM tbScore t , DELETED  d ,INSERTED i    --deleted 和 inserted 临时表
        WHERE t.studentNo=d.studentNo
    END
```

对于（2），创建一个 DELETE 触发器：

```
CREATE TRIGGER tbStudent_delete
    ON tbStudent
    AFTER Delete
```

```
AS
    DELETE tbScore
        FROM tbScore t , DELTED d
        WHERE t.studentNo=d.studentNo
```

从上面两个例子中可以看到触发器的关键：A.两个临时的表；B.触发机制。

小结：

① deleted 表用于存储 DELETE 和 UPDATE 语句所影响的行的复本。在执行 DELETE 或 UPDATE 语句时，行从触发器表中删除，并传输到 deleted 表中。deleted 表和触发器表通常没有相同的行。

② inserted 表用于存储 INSERT 和 UPDATE 语句所影响的行的副本。在一个插入或更新事件处理中，新建行被同时添加到 inserted 表和触发器表中。inserted 表中的行是触发器表中新行的副本。

更新事件类似于在删除之后执行插入；首先旧行被复制到 deleted 表中，然后新行被复制到触发器表和 inserted 表中。

（3）AFTER 触发器示例。

【例 9-1】 如果在 tbStudent 表中添加或更改数据，则向客户端显示一条"TRIGGER IS WORKING"的信息。

```
/*使用带有提示消息的触发器*/
USE SYSDB
GO
IF EXISTS (SELECT name FROM sysobjects   WHERE name = 'reminder' AND type = 'TR')
    DROP TRIGGER reminder
GO
CREATE TRIGGER reminder ON tbStudent
    after INSERT, UPDATE
    AS
    BEGIN
        DECLARE @str char(50)
        SET @str='TRIGGER IS WORKING'
        PRINT @str
    END
GO
```

【例 9-2】 当向 tbClass 插入一条新记录时，如果 professionNo 在 tbProfession 中不存在，就显示"该专业不存在，请确认后再添加"，并删除该记录；否则就插入该记录。

```
USE SYSDB
GO
IF EXISTS (SELECT name FROM sysobjects WHERE name = 'tbClass_i_t' AND type = 'TR')
DROP TRIGGER tbClass_i_t
GO
CREATE TRIGGER tbClass_i_t ON tbClass
AFTER insert
AS
BEGIN
```

```
DECLARE @zy varchar(12)
SELECT @zy=professionNo FROM inserted
IF NOT EXISTS (SELECT professionNo FROM tbProfession WHERE professionNo= @zy )
BEGIN
PRINT '该专业不存在，请确认后再添加'
DELETE FROM tbClass WHERE professionNo=@zy
END
END
```

【例 9-3】 创建一个触发器 t_u_courseNo，当某门课的课程号发生变化时，其相应的成绩表中的课程号也发生变化。

```
USE SYSDB
GO
IF EXISTS (SELECT name FROM sysobjects WHERE name = 't_u_courseNo' AND type = 'TR')
DROP TRIGGER t_u_courseNo
GO
CREATE TRIGGER t_u_courseNo ON tbCourse
AFTER UPDATE
AS
BEGIN
UPDATE tbScore SET courseNo=i.courseNo FROM score s,INSERTED i,DELETED d
WHERE s.courseNo=d.courseNo
END
```

【例 9-4】 创建触发器 tbclass_delete，当某个班级的学生全部毕业时，在删除 tbclass 表中该班级的信息时，tbStudent 表中该班的学生信息也一并被删除。

```
USE SYSDB
GO
IF EXISTS (SELECT name FROM sysobjects WHERE name = 'tbclass_delete' AND type = 'TR')
DROP TRIGGER tbclass_delete
GO
CREATE TRIGGER tbclass_delete ON tbclass
AFTER DELETE
AS
BEGIN
DELETE FROM tbStudent FROM DELETED d
WHERE student.classNo=d.classNo
END
```

（4）INSTEAD OF 触发器示例。

【例 9-5】 在 tbScore 表中创建 score_instead 触发器，要求用户在插入记录时，如果 score 大于 100 分，就拒绝插入，提示"成绩不符合要求"的信息。

```
CREATE TRIGGER score_instead
ON tbScore
INSTEAD OF INSERT
AS
BEGIN
```

```
    DECLARE @cengji int;
    SELECT @cengji=(select score from tbScore)
    IF @cengji>100
        SELECT '成绩不符合要求' AS 失败原因
END
```

【练习 9-1】 当 tbStudent 表中新转入一个学生，在 tbUser 表中自动给该生分配一个账号，用户名为该生的学号，初始密码为"000000"，其余部分为空。

【练习 9-2】 创建一个触发器 tbscore_insert，当向 tbScore 中添加成绩时，如果 studentNo 在 tbStudent 表中不存在，显示"该生不存在，请确认后再添加"，并删除该记录；courseNo 在 tbCourse 表中不存在，显示"该课程号不存在，请确认后再添加"，并删除该记录。

3. 创建 DDL 触发器

像常规触发器一样，DDL 触发器将激发存储过程以响应事件。但与 DML 触发器不同的是，它们不会为响应针对表或视图的 UPDADTE、INSERT 或 DELETE 语句而激发。

建立 DDL 触发器的语法代码如下：

```
CREATE TRIGGER trigger_name
ON { ALL SERVER | DATABASE }
[ WITH <ddl_trigger_option> [ ,...n ] ]
{ FOR | AFTER } { event_type | event_group } [ ,...n ]
AS { sql_statement   [ ; ] [ ...n ] | EXTERNAL NAME < method specifier >   [ ; ] }
<ddl_trigger_option>::=
    [ENCRYPTION]
    [EXECUTE AS Clause]
```

参数说明如下：

ALL SERVER：将 DDL 触发器作用到整个当前的服务器上。如果指定了这个参数，在当前服务器上的任何一个数据库都能激活该触发器。

DATABASE 将 DDL 触发器作用到当前数据库，只能在这个数据库上激活该触发器。

WITH ENCRYPTION：对触发器进行加密处理。

EXECUTE AS Clause：指定用于执行该触发器的安全上下文。

FOR 或 AFTER：是同一个意思，指定触发器仅在触发 SQL 语句中指定的所有操作都已成功执行时才被触发。

event_type：指执行之后将导致激发 DDL 触发器的 T-SQL 语言事件的名称。

event_group：指预定义的 T-SQL 语言事件分组的名称。

sql_statement：指触发条件和操作。

DDL 触发器的事件包括两种：

（1）DDL 触发器作用在当前数据库情况下可以使用的事件如表 9-2 所示。

表 9-2 DDL 触发器作用在当前数据库情况下可以使用的事件

CREATE_APPLICATION_ROLE	ALTER_APPLICATION_ROLE	DROP_APPLICATION_ROLE
CREATE_ASSEMBLY	ALTER_ASSEMBLY	DROP_ASSEMBLY
ALTER_AUTHORIZATION_DATABASE	CREATE_PARTITION_FUNCTION	ALTER_PARTITION_FUNCTION

CREATE_CERTIFICATE	ALTER_CERTIFICATE	DROP_CERTIFICATE
CREATE_CONTRACT	DROP_CONTRACT	DROP_PARTITION_FUNCTION
GRANT_DATABASE	DENY_DATABASE	REVOKE_DATABASE
CREATE_EVENT_NOTIFICATION	DROP_EVENT_NOTIFICATION	DROP_XML_SCHEMA _COLLECTION
CREATE_FUNCTION	ALTER_FUNCTION	DROP_FUNCTION
CREATE_INDEX	ALTER_INDEX	DROP_INDEX
CREATE_MESSAGE_TYPE	ALTER_MESSAGE_TYPE	DROP_MESSAGE_TYPE
CREATE_PARTITION_SCHEME	ALTER_PARTITION_SCHEME	DROP_PARTITION_SCHEME
CREATE_PROCEDURE	ALTER_PROCEDURE	DROP_PROCEDURE
CREATE_QUEUE	ALTER_QUEUE	DROP_QUEUE
CREATE_REMOTE_SERVICE _BINDING	ALTER_REMOTE_SERVICE _BINDING	DROP_REMOTE_SERVICE _BINDING
CREATE_ROLE	ALTER_ROLE	DROP_ROLE
CREATE_ROUTE	ALTER_ROUTE	DROP_ROUTE
CREATE_SCHEMA	ALTER_SCHEMA	DROP_SCHEMA
CREATE_SERVICE	ALTER_SERVICE	DROP_SERVICE
CREATE_STATISTICS	DROP_STATISTICS	UPDATE_STATISTICS
CREATE_SYNONYM	DROP_SYNONYM	CREATE_TABLE
ALTER_TABLE	DROP_TABLE	DROP_USER
CREATE_TRIGGER	ALTER_TRIGGER	DROP_TRIGGER
CREATE_TYPE	DROP_TYPE	DROP_VIEW
CREATE_USER	ALTER_USER	ALTER_VIEW
CREATE_VIEW	CREATE_XML_SCHEMA _COLLECTION	ALTER_XML_SCHEMA _COLLECTION

（2）DDL 触发器作用在当前服务器情况下可以使用的事件如表 9-3 所示。

表 9-3　DDL 触发器作用在当前服务器情况下可以使用的事件

ALTER_AUTHORIZATION_SERVER	CREATE_DATABASE	ALTER_DATABASE
DROP_DATABASE	CREATE_ENDPOINT	DROP_ENDPOINT
CREATE_LOGIN	ALTER_LOGIN	DROP_LOGIN
GRANT_SERVER	DENY_SERVER	REVOKE_SERVER

【例 9-6】　在 tbStudent 表中创建 safty 触发器，拒绝用户对数据库中的表进行删除和更改操作。

```
CREATE TRIGGER safty
ON database
FOR drop_table,alter_table
```

```
AS
BEGIN
  PRINT'当前数据库禁止更改删除操作'
  ROLLBACK TRANSACTION
END
```

【练习 9-3】 创建服务器作用域的 DDL 触发器 t_serversafe，防止服务器中任何一个数据库被修改或删除。

4. 创建登录触发器

登录触发器在前面已有介绍。那登录触发器能解决什么问题呢？

登录触发器具有以下功能：

（1）限制某登录名（如 sa）只能在本机或指定的 IP 中登录。

（2）限制服务器角色（如 sysadmin）只能在本机或指定的 IP 中登录。

（3）限制某登录名（如 sa）只能在某时间段内登录。

（4）限制登录名与 IP 的对应关系，支持多对多关系。

（5）限制某登录名可以在某 IP 段登录。

下面以（1）的功能为例，简单地介绍一下登录触发器的创建。

例如，在以下代码中，如果登录名 log_st 已经创建了 3 个用户会话，登录触发器将拒绝由该登录名启动的 SQL Server 登录尝试。

【例 9-7】 创建一个登录触发器，当登录名为 log_st 的用户登录时，如果登录的 IP 地址为 192.128.120.9，就允许登录；否则登录回滚。我们先创建一个 log_st 账户：

```
CREATE LOGIN log_st with password='123456'
```

接着创建登录触发器：

```
CREATE TRIGGER [connection_limit]
ON ALL server with execute as 'sa'
FOR logon
AS
BEGIN
--限制 log_st 的连接
if original_login()='log_st'
AND
(select eventdata().value('(/EVENT_INSTANCE/ClientHost)[1]',
'nvarchar(15)'))
not in('192.128.120.9')
ROLLBACK;
END
```

代码中创建了一个名为 connection_limit 的触发器，触发条件为 logon。为了测试触发器的功能，首先将 IP 地址设置为 192.128.120.9，然后用 log_st 账户登录。

9.2.2 修改与管理触发器

修改触发器与修改存储过程的操作相类似，下面简单介绍一下触发器的修改，主要包括修改触发器的名称和类型。

1. 修改触发器名称

使用系统存储过程 SP_RENAME 来修改触发器名称，格式如下：

```
USE 数据库名
GO
SP_RENAME  更改前的名称，更改后的名称
```

【例 9-8】 将触发器 tbStudent_update_studentNo 的名称改为 tbStudent_u_stNo。

```
USE SYSDB
GO
SP_RENAME   tbStudent_update_studentNo,  tbStudent_u_stNo
```

【练习 9-4】 用两种方法将触发器 t_u_courseNo 的名字改成 t_u_cn。

2. 修改触发器类型

使用 ALTER TRIGGER 语句可以修改以前使用 CREATE TRIGGER 语句创建的 DML 触发器或 DDL 触发器的定义，具体语法格式如下：

```
ALTER TRIGGER Trigger_name
ON { Table | View }
{FOR  |  AFTER  |  INSTEAD OF }
{ [INSERT] [,] [UPDATE][,][DELETE] }
AS
    sql_statement [ ...n ]
```

【例 9-9】 修改 tbStudent_delete，如果该学生已经退学，在删除其学生表的学号的同时，也删除其成绩表记录和 tbUser 中的用户信息。

```
USE SYSDB
GO
 ALTER TRIGGER tbStudent_delete
      ON tbStudent
      AFTER DELETE
AS
BEGIN
      DELETE tbScore
        FROM tbScore t , Deleted d
        WHERE t.studentNo=d.studentNo
DELETE tbuser
FROM tbuser u , Deleted d
      WHERE u.userName=d.studentNo
```

【练习 9-5】 修改触发器 tbscore_insert，当向 tbScore 中添加成绩时，如果 studentNo 在 tbStudent 表中不存在，则显示"该生不存在，请确认后再添加"，并删除该记录；courseNo 在 tbCourse 表中不存在，显示"该课程号不存在，请确认后再添加"，并删除该记录。如果成绩小于 0 或超过 100，显示"该成绩有误，请更正！"，并删除该记录。

3. 查看数据库中所有的触发器

其语法格式如下：

```
USE  数据库名
GO
SELECT * FROM sysobjects WHERE xtype='TR'
```

sysobjects 保存着数据库的对象，其中 xtype 为 TR 的记录即为触发器对象。在 name 一列，可以看到触发器名称。

4. 查看触发器内容

使用系统存储过程 sp_helptext 来查看触发器的内容，语法格式如下：

```
USE  数据库名
GO
EXEC sp_helptext '触发器名称'
```

将会以表的样式显示触发器内容。

除了触发器外，sp_helptext 还可以显示规则、默认值、未加密的存储过程、用户定义函数、视图的文本。

5. 查看触发器的属性

sp_helptrigger 有两个参数：第一个参数为表名；第二个参数为触发器类型，为 char(6) 类型，可以是 INSERT、UPDATE、DELETE，如果省略则显示指定表中所有类型触发器的属性。

其语法格式如下：

```
USE  数据库名
GO
EXEC sp_helptrigger tbl
```

6. 删除触发器

将触发器对象从数据库中删除，它所基于的表和数据不会受到影响。如果删除数据库中的表对象，则定义在该表上的所有触发器将自动被删除。这里我们只介绍使用 T-SQL 语句删除触发器，对于使用图形工具和前面章节介绍的删除数据库对象一样，这里就不再赘述了。

其语法格式如下：

```
DROP TRIGGER Trigger_name [ ,...n ] [ ; ]
```

注意：触发器名称是不加引号的。在删除触发器之前可以先看一下触发器是否存在：

```
if Exists(SELECT name FROM sysobjects WHERE name=触发器名称  AND xtype='TR')
```

【例 9-10】 删除 tbStudent_delete 触发器。

```
DROP TRIGGER tbStudent_delete
```

【练习 9-6】 删除 tbscore_insert 触发器。

7. 禁用、启用触发器

禁用触发器语法格式如下：

```
ALTER TABLE  表名
DISABLE TRIGGER 触发器名称
```

启用触发器语法格式如下：

```
ALTER TABLE  表名
ENABLE TRIGGER  触发器名称
```

如果有多个触发器，则各个触发器名称之间用英文逗号隔开。

如果把"触发器名称"换成"ALL"，则表示禁用或启用该表的全部触发器。

9.3 触发器的应用

修改 tbscore 表结构，添加平时分和考试成绩字段；修改 tbStudent 表，添加总学分字段，整型。用 SQL 语句自主完成以下题目。

【练习 9-7】 为表 tbStudent 创建一个触发器，当删除一个学生的资料信息时，将 tbscore 表中的该学生的相应成绩数据删除。

【练习 9-8】 向 tbscore 表中添加一条记录时，该记录的 studentNo 和 courseNo 值分别在 tbstudent 表和 tbCourse 表中已经存在，则提示已经存在。

【练习 9-9】 修改 tbcourse 表中 courseNo 字段时，tbCourse 表中的 courseNo 字段中的对应值也进行相应修改。

【练习 9-10】 删除 tbCourse 表中的一条记录时，同时将该记录 courseNo 值在 tbscore 表中所对应的记录的 score 字段改为空值 null。

【练习 9-11】 为 tbscore 表创建一个触发器，当向表中添加成绩记录时，如果成绩大于 60 分，该学生就能得到相应的学分；否则，该学生不能得到相应学分。

【练习 9-12】为 tbscore 表创建一个更新触发器，当更改 tbscore 表的成绩时，如果成绩 score 由原来的小于 60 分更改为大于等于 60 分，该学生就能得到相应的学分；如果由原来的大于等于 60 分改为小于 60 分，则将该学生相应学分减去。

9.4 小结

本章主要讲述了触发器的概念及各种触发器的创建、使用和管理，触发器是与数据库和数据表相结合的特殊的存储过程。SQL Server 有 3 类触发器，即 DML 触发器、DDL 触发器和登录触发器。当数据表有 INSERT、UPDATE、DELETE 操作影响到触发器所保护的数据时，DML 触发器就会自动触发执行其中的 T-SQL 语句。一般在使用 DML 触发器之前就优先考虑使用约束，只有在必要时才使用 DML 触发器。而当数据库有 CREATE、ALTER、DROP 操作时，可以激活 DDL 触发器，并运行其中的 T-SQL 语句。在登录的身份验证阶段完成之后且用户会话实际建立之前可以激发登录触发器。

触发器主要用于加强业务规则和数据完整性。通过本章的学习，应该掌握这 3 种触发器的操作。

9.5　课后练习

一、填空题

1. AFTER 触发器有 3 种类型，即 insert 类型、_____和_____。

2. 创建触发器，要求：每当在 student 表中修改数据时，将向客户端显示一条"记录已修改"的消息。

```
USE XK
_____
ON STUDENT
_____
AS
  PRINT '记录已修改'
```

3. 一个触发器由_____、_____和_____3 部分组成。

4. 标准 SQL 中触发器有两个重要的临时表，当修改数据时，修改前的内容存放在_____表中，修改后的内容存放在_____表中。

二、选择题

1. 以下关于触发器的表述，不正确的是（　　）。

A. 它是一种特殊的存储过程

B. 可以实现复杂的商业逻辑

C. 对于某类操作，可以创建不同类型的触发器

D. 触发器可以用来实现数据完整性

2. 删除触发器 mytri 的正确命令是（　　）。

A. DELET mytri   B. TRUNCATE mytri

C. DROP mytri   D. REMMOVE mytri

3. SQL Server 2017 中查看触发器定义的是（　　）。

A. exec sp_help '触发器名'   B. exec sp_helptext '触发器名'

C. exec sp_depends '触发器名'   D. exec sp_depends '表名'

4. 创建触发器不需要指定的选项有（　　）。

A. 触发器的名称   B. 在其上定义触发器的表

C. 触发器将何时触发   D. 执行触发操作的编程语句

5. 关于触发器叙述正确的是（　　）。

A. 触发器是自动执行的，可以在一定条件下触发

B. 触发器不可以同步数据库的相关表进行级联更改

C. SQL Server 2017 不支持 DDL 触发器

D. 触发器不属于存储过程

6. 在 SQL Server 中，触发器不具有（　　）类型。

A. INSERT 触发器　　B. UPDATE 触发器　　C. DELETE 触发器　　D. SELECT 触发器

7. （　　）允许用户定义一组操作，这些操作通过对指定的表进行删除、插入和更新命令

来执行或触发。

    A．存储过程   B．规则   C．触发器   D．索引

8．下面关于触发器的描述，错误的是（   ）。

    A．触发器是一种特殊的存储过程，用户可以直接调用

    B．触发器表和 deleted 表没有共同记录

    C．触发器可以用来定义比 CHECK 约束更复杂的规则

    D．删除触发器可以使用 DROP TRIGGER 命令，也可以使用对象资源管理器

三、简答题

什么是 inserted 表？什么是 deleted 表？

四、操作题

1．创建触发器

在学生信息管理系统中，学生信息表中包含"学号""姓名""性别""出生年月""班级号"列；班级信息表中包含"班级号""班级名称""人数"列；课程信息表中包含"课程代号""课程名称"列；学生成绩表中包含"学号""课程代号""成绩"列，已用约束保证成绩的范围为 0～100 分。（用附录中的脚本创建）

（1）在 student 上创建 INSERT 触发器 stu_insert，要求在 student 表中插入记录时（要求每次只能插入一条记录），这个触发器都将更新 class 表中的 class_nun 列，并测试触发器 stu_insert。

（2）修改题（1）中创建的 INSERT 触发器 stu_insert，要求在 student 表中插入记录时（允许插入多条记录），这个触发器都将更新 class 表中的 class_nun 列，并测试触发器 stu_insert。

2．查看触发器相关信息：使用系统存储过程 sp_help，sp_helptext，sp_helptrigger 查看触发器相关信息。

```
--附录：
--创建数据库，准备数据
CREATE DATABASE student_score
GO
--在数据库中创建 4 个表的结构
USE student_score
GO
CREATE TABLE student
( stu_id char(8) primary key,
   stu_name char(10),
   stu_sex char(2),
   stu_birthday smalldatetime,
   class_id char(6)
)
GO
CREATE TABLE class
(   class_id char(6) primary key,
   class_name varchar(30),
class_num int,
)
CREATE TABLE course
( course_id char(3) primary key,
```

```
        course_name varchar(30),
)
GO
CREATE TABLE score
( stu_id char(8),
    course_id char(3),
    score int check(score>=0 and score<=100)
    primary key(stu_id,course_id)
)
GO
```

--往表中插入数据(student,course,score)
insert into student values('0601001','李玉','女','1987-05-06', '0601')
    insert into student values('0601002','鲁敏','女','1988-06-28', '0601') insert into student values('0601003','李小路', '女','1987-01-08', '0601')
    insert into student values('0601004','鲁斌','男','1988-04-21', '0601')
    insert into student values('0601005','王宁静','女','1986-05-29', '0601')
insert into student values('0601006','张明明','男','1987-02-24', '0601')
insert into student values('0601007','刘晓玲','女','1988-12-21', '0601')
insert into student values('0601008','周晓','男','1986-04-27', '0601')
insert into student values('0601009','易国梁','男','1985-11-26', '0601')
insert into student values('0601010','季风','男','1986-09-21', '0601')

insert into class values('0501','计算机办公应用', 40)
insert into class values('0502','网络构建', 43)
insert into class values('0503','图形图像', 48)
insert into class values('0601','可视化', 41)
insert into class values('0602','数据库', 38)
insert into class values('0603','网络管理', 45)
insert into class values('0604','多媒体', 40)
insert into class values('0701','计算机办公应用', 39)
insert into class values('0702','WEB 应用', 38)
insert into class values('0703','网络构建', 40)

insert into course values('001','计算机应用基础')
insert into course values('002','关系数据基础')
insert into course values('003','程序设计基础')
insert into course values('004','数据结构')
insert into course values('005','网页设计')
insert into course values('006','网站设计')
insert into course values('007','SQL Server 2000 关系数据库')
insert into course values('008','SQL Server 2000 程序设计')
insert into course values('009','计算机网络')
insert into course values('010','Windows Server 配置')

insert into score values('0601001','001',78)
insert into score values('0601002','001',88)
insert into score values('0601003','001',65)

```
insert into score values('0601004','001',76)
insert into score values('0601005','001',56)
insert into score values('0601006','001',87)
insert into score values('0601007','001',67)
insert into score values('0601008','001',95)
insert into score values('0601009','001',98)
insert into score values('0601010','001',45)
insert into score values('0601001','002',48)
insert into score values('0601002','002',68)
insert into score values('0601003','002',95)
insert into score values('0601004','002',86)
insert into score values('0601005','002',76)
insert into score values('0601006','002',57)
insert into score values('0601007','002',77)
insert into score values('0601008','002',85)
insert into score values('0601009','002',98)
insert into score values('0601010','002',75)
insert into score values('0601001','003',88)
insert into score values('0601002','003',78)
insert into score values('0601003','003',65)
insert into score values('0601004','003',56)
insert into score values('0601005','003',96)
insert into score values('0601006','003',87)
insert into score values('0601007','003',77)
insert into score values('0601008','003',65)
insert into score values('0601009','003',98)
insert into score values('0601010','003',75)
insert into score values('0601001','004',74)
insert into score values('0601002','004',68)
insert into score values('0601003','004',95)
insert into score values('0601004','004',86)
insert into score values('0601005','004',76)
insert into score values('0601006','004',67)
insert into score values('0601007','004',77)
insert into score values('0601008','004',85)
insert into score values('0601009','004',98)
insert into score values('0601010','004',75)
insert into score values('0601001','005',74)
insert into score values('0601002','005',68)
insert into score values('0601005','005',76)
insert into score values('0601008','005',85)
insert into score values('0601009','005',98)
insert into score values('0601010','005',75)
insert into score values('0601002','006',88)
insert into score values('0601003','006',95)
insert into score values('0601006','006',77)
insert into score values('0601008','006',85)
insert into score values('0601010','006',55)
```

```
insert into score values('0601001','007',84)
insert into score values('0601002','007',68)
insert into score values('0601003','007',95)
insert into score values('0601004','008',86)
insert into score values('0601005','008',76)
insert into score values('0601006','008',67)
insert into score values('0601007','009',67)
insert into score values('0601008','009',85)

insert into score values('0601009','010',98)
insert into score values('0601010','010',75)
```

第10章

<<<<<<

SQL Server 2017 的安全机制

随着计算机技术的普及和发展，数据库系统在工作和生活中的应用也越来越广泛，而且在某些领域（如电子商务、ERP 系统）其数据库中保存着非常重要的商业数据和客户资料（如高度敏感的个人信息和使国际商业运作的关键数据），这些特征使数据库成为黑客攻击的重要目标。因此，保证数据库中数据信息的安全性尤为重要。

10.1 SQL Server 2017 安全性概述

当前，政府、金融、公安、能源、工商、税务、交通、医疗、教育、电子商务及企业等行业，每天都会产生海量的数据信息，也纷纷建立起各自的数据库管理系统，以便随时对数据库中的海量数据进行管理和使用。数据库中存储着重要的客户、产品等信息资源，必须对其进行严格保护。SQL Server 提供了丰富的安全机制，用来保护服务器和存储在服务器中的数据安全，SQL Server 2017 的安全性可以决定哪些用户可以登录到服务器，登录到服务器的用户可以对哪些数据库执行操作或管理任务等。

10.1.1 SQL Server 2017 安全机制简介

SQL Server 2017 整个安全体系结构上可以划分为认证和授权两个部分，其安全机制主要分为以下几个。

1. 客户机安全机制

数据库管理系统需要运行在某一特定的操作系统平台下，客户机操作系统的安全性直接影响 SQL Server 2017 的安全性。在用户使用客户机访问网络数据库服务器时，用户首先需要获得客户操作系统的使用权限。保证操作系统的安全性是操作系统管理员或网络管理员的首要任务。由于 SQL Server 2017 采用了 Windows 网络安全机制，所以提高了操作系统的安全性，但同时也加大了管理数据库系统安全的难度。

2. 实例级别安全机制

SQL Server 2017 采用了标准的 SQL Server 登录和集成 Windows 登录两种。无论是哪种登录方式，用户在登录时都必须提供登录账号和密码。管理和设计合理的登录方式是 SQL Server 数据库管理员的首要任务，也是 SQL Server 安全体系中重要的组成部门。SQL Server 2017 服务器中预先设定了许多固定服务器的角色，用来为具有服务器管理员资格的用户分配使用权利，固定服务器角色的成员可以用于服务器级的管理权限。

3. 数据库级别的安全机制

在建立用户的登录账户信息时，SQL Server 提示用户选择默认的数据库，并分配给用户权限，以后每次用户登录服务器后，都会自动转到默认数据库上。对任何用户来说，如果在设置登录账户时没有指定默认数据库，用户的权限将限制在 master 数据库权限内。

SQL Server 2017 允许用户在数据库上建立新的角色，并可为该角色分配多个权限，最后再通过角色将权限赋予 SQL Server 2017 的用户，使其他用户获取具体数据库的操作权限。

4. 数据对象级别的安全机制

这个级别的安全性通过设置数据对象的访问权限进行控制。创建数据库对象时，SQL Server 2017 将自动把该数据库对象的用户权限赋予该对象的所有者，对象的所有者可以实现该对象的安全控制。数据库对象访问权限定义了用户对数据库中数据对象的引用、数据操作语句的许可权限，这可通过定义对象和语句的许可权限来实现。

10.1.2 常用安全术语

安全术语是 SQL Server 2017 安全性的一些基本概念，这些术语对理解 SQL Server 安全性起到了非常重要的作用。下面介绍一些常见的安全性术语。

身份验证：身份验证是通过要求证明自己是与登录相关联的人来确定身份的过程。它回答了"你是谁？"

授权：一旦系统认证用户，授权（如上所述）确定用户在服务器或数据库中的权限。它回答了"你在这里可以做什么？"

组：在 Windows 中，组是与其关联的登录的主体。授予该组的任何权限都将授予关联的登录名。

登录：是对服务器实例中的对象具有一定级别访问权限的主体。SQL Server 2017 登录用于从外部访问服务器的账户。登录有时包括访问服务器范围内的对象的权限，如配置信息，但通常不赋予数据库的任何权限。

权限：是访问受保护资源的权限，如从表中读取数据或在服务器级创建新数据库。权限通常意味着其他权限，具体取决于主题权限的范围。

委托人：是可以接收访问 SQL Server 中的受保护资源的权限的任何用户或代码组件。

特权：是委托人拥有的广泛的权利或许可。这个词有时可以与许可交换使用，更多时候意味着一个特定的狭义的权利。

角色：SQL Server 角色类似于 Windows 组，但仅限于 SQL Server 实例的范围。就像一个组一样，可以将登录名和用户分配给一个角色，该角色向登录名和用户传递该角色拥有的所有权限。

用户：是对特定数据库中的对象具有一定级别访问权限的主体。用户通常被映射到登录。

简而言之，登录可以访问 SQL Server 实例，并且用户可以访问数据。

10.2　安全验证方式

Microsoft SQL Server 2017 提供了两种身份验证模式，即"Windows 身份验证模式"和"混合模式"，如图 10-1 所示。

图 10-1　数据库引擎安全身份认证模式

10.2.1　Windows 身份验证模式

Windows 身份验证使用 Windows 操作系统中的账户名和密码登录。当用户通过 Windows 用户账户连接时，SQL Server 使用操作系统中的 Windows 主体标记验证账户名和密码。也就是说，用户身份由 Windows 进行确认。SQL Server 不要求提供密码，也不执行身份验证。

Windows 身份验证是默认身份验证模式（通常称为集成安全），比 SQL Server 身份验证更为安全。Windows 身份验证使用 Kerberos 安全协议，提供有关强密码复杂性验证的密码策略强制，还提供账户锁定支持，并且支持密码过期。通过 Windows 身份验证模式创建的连接有时也称为可信连接，这是因为 SQL Server 信任由 Windows 提供的凭据。

SQL Server 安全模型与 Windows 紧密集成，通过使用 Windows 身份验证，可以在域级别创建 Windows 组，并且可以在 SQL Server 中为整个组创建登录名，在域级别管理访问可以简化账户管理，信任特定 Windows 用户和组账户登录 SQL Server，已经过身份验证的 Windows 用户不必提供附加的凭据。这种身份验证模式适用于局域网内部（如 AD 域）访问数据库的情况。

10.2.2　混合模式

混合模式又称 SQL Server 身份验证和 Windows 身份验证模式。在混合模式中，当客户端连接到服务器时，既可能采取 Windows 身份验证，也可能采取 SQL Server 身份验证。混合模式支持由 Windows 和 SQL Server 进行身份验证。用户名和密码保留在 SQL Server 内。

当使用 SQL Server 身份验证时，在 SQL Server 中创建的登录名并不基于 Windows 用户账户。用户名和密码均使用 SQL Server 创建并存储在 SQL Server 中。使用 SQL Server 身份验证进行连接的用户每次连接时都必须提供其凭据（登录名和密码）。当使用 SQL Server 身份验证时，必须为所有 SQL Server 账户设置强密码。

可供 SQL Server 登录名选择使用的密码策略有以下 3 种：

（1）用户在下次登录时必须更改密码。要求用户在下次连接时更改密码。更改密码的功能由 SQL Server Management Studio 提供。如果使用该选项，则第三方软件开发人员应提供此功能。

（2）强制密码过期。对 SQL Server 登录名强制实施计算机的密码最长使用期限策略。

（3）强制实施密码策略。对 SQL Server 登录名强制实施计算机的 Windows 密码策略，包括密码长度和密码复杂性。此功能需要通过 NetValidatePasswordPolicy API 实现，该 API 只在 Windows Server 2003 和更高版本中提供。

SQL Server 身份验证的缺点如下：

（1）如果用户是具有 Windows 登录名和密码的 Windows 域用户，则还必须提供另一个用于连接的（SQL Server）登录名和密码。记住多个登录名和密码对于许多用户而言都较为困难。每次连接到数据库时都必须提供 SQL Server 凭据也十分麻烦。

（2）SQL Server 身份验证无法使用 Kerberos 安全协议。

（3）SQL Server 登录名不能使用 Windows 提供的其他密码策略。

（4）必须在连接时通过网络传递已加密的 SQL Server 身份验证登录密码。一些自动连接的应用程序将密码存储在客户端，可能会产生其他攻击点。

SQL Server 身份验证的优点如下：

（1）允许 SQL Server 支持那些需要进行 SQL Server 身份验证的旧版应用程序和由第三方提供的应用程序。

（2）允许 SQL Server 支持具有混合操作系统的环境，在这种环境中并不是所有用户均由 Windows 域进行验证。

（3）允许用户从未知的或不可信的域进行连接。例如，既定客户使用指定的 SQL Server 登录名进行连接以接收其订单状态的应用程序。

（4）允许 SQL Server 支持基于 Web 的应用程序，在这些应用程序中用户可创建自己的标识。

（5）允许软件开发人员通过使用基于已知的预设 SQL Server 登录名的复杂权限层次结构来分发应用程序。

10.2.3 设置验证模式

在安装 Microsoft SQL Server 2017 的过程中，需要为数据库引擎选择身份验证模式。可供选择的模式有 Windows 身份验证模式和混合模式。如果在安装过程中选择混合模式，则必须为名为 sa 的内置 SQL Server 系统管理员账户提供一个强密码并确认该密码。sa 账户通过使用 SQL Server 身份验证进行连接。如果在安装过程中选择 Windows 身份验证模式，则安装程序会为 SQL Server 身份验证创建 sa 账户，但会禁用该账户。如果稍后更改为混合模式身份验证并要使用 sa 账户，则必须启用该账户。可以将任何 Windows 或 SQL Server 账户配置为系统管理员。

Windows 身份验证模式会启用 Windows 身份验证并禁用 SQL Server 身份验证。混合模式会同时启用 Windows 身份验证和 SQL Server 身份验证。Windows 身份验证始终可用，并且无法禁用。

将身份验证模式从 Windows 身份验证模式更改为混合模式身份验证需要按以下步骤执行。

1. 更改安全身份验证模式

（1）在 SQL Server Management Studio 的"对象资源管理器"窗口，右键单击服务器，在弹出的快捷菜单中选择"属性"命令，弹出"服务器属性"对话框，如图 10-2 所示。

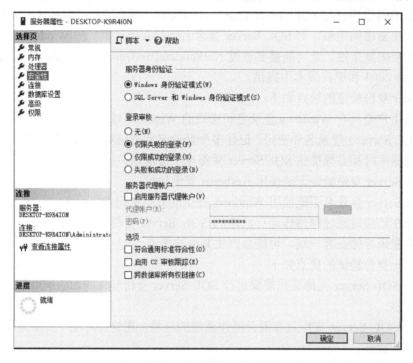

图 10-2 "服务器属性"对话框

（2）在"安全性"选择页上的"服务器身份验证"栏，选择新的服务器身份验证模式，再单击"确定"按钮。

（3）在 SQL Server Management Studio 窗口，单击"确定"按钮以确认需要重新启动 SQL Server。

（4）在"对象资源管理器"窗口，右键单击所选择的服务器，在弹出的快捷菜单中选择"重启"命令。如果运行有 SQL Server 代理，则也必须重新启动该代理。

2. 启用 sa 登录名

（1）在"对象资源管理器"窗口，依次展开"安全性"→"登录名"，如图 10-3 所示，然后右键单击"sa"，在弹出的快捷菜单中选择"属性"命令，弹出"登录属性"对话框。

（2）在"常规"选择页上，您可能需要为登录名创建密码，如图 10-4 所示。

图 10-3　"对象资源管理器"窗口

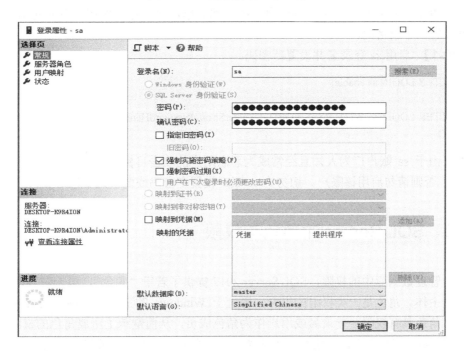

图 10-4　登录名 sa 的属性设置（密码）

（3）在"状态"选择页上的"登录名"栏，选择"启用"单选按钮，再单击"确定"按钮，如图 10-5 所示。

图 10-5　登录名 sa 的属性设置(登录名启用)

也可以使用 T-SQL 语句启用 sa 登录名：

（1）在"对象资源管理器"中，连接到数据库引擎的实例。

（2）在标准菜单栏上，单击"新建查询"。

（3）将以下示例复制并粘贴到查询窗口中，然后单击"执行"按钮。下面的示例启用 sa 登录名并设置一个新密码。

【例 10-1】　启用 sa 登录名并设置新密码。

```
1    ALTER LOGIN sa enable;
2    GO
3    ALTER LOGIN sa WITH PASSWORD = '<enterStrongPasswordHere>' ;
4    GO
```

注意：由于 sa 账户广为人知且经常成为恶意用户的攻击目标，因此除非应用程序需要使用 sa 账户，否则请勿启用该账户。切勿为 sa 账户设置空密码或弱密码。

10.3　SQL Server 的角色与权限

为便于管理数据库中的权限，SQL Server 2017 提供了若干"角色"，用于对其他主体进行分组的安全主体。角色是一类权限的组合，等价于 Windows 的工作组。将登录名或用户赋予一个角色，角色具有权限，登录名或用户作为角色成员，从而继承了所属角色的权限。

在 SQL Server 2017 中，角色可分为 3 类：内置角色，在服务器安装时已经默认存在，其权限是固定的，并且不能被删除；用户自定义角色，由用户按照需求自定义创建；应用程序角色，用于管理应用程序的数据访问。此外，根据角色的权限作用对象的不同，又可分为服务器角色和数据库角色。

10.3.1 服务器角色

服务器角色内建于 SQL Server 2017 中，其权限无法更改，每一个角色都拥有一定级别的数据库管理职能。SQL Server 2017 提供的服务器角色如表 10-1 所示。

表 10-1 SQL Server 2017 提供的服务器角色

服务器角色	描　　述
bulkadmin	可以运行 BULK INSERT 语句
dbcreator	可以创建任何数据库
diskadmin	管理磁盘文件
processadmin	可以终止 SQL Server 实例中运行的进程
securityadmin	管理登录名的密码
serveradmin	可以更改服务器范围的配置选项和关闭服务器
setupadmin	添加和删除链接服务器，并且也可以执行某些系统存储过程
sysadmin	可以在服务器中执行任何活动
public	public 角色不同于其他角色的是其权限可以被修改，每个 SQL Server 登录名都属于 public 服务器角色。无法将用户、角色或组指派给它，因为默认情况下它属于该角色，且 public 不能被删除

10.3.2 数据库角色

数据库角色的权限作用域为数据库范围。例如，可以访问哪个数据库，可以访问哪个数据库中的哪些数据表、哪些视图、哪些存储过程等，都需要数据库上的权限才能进行操作。

1. 固定数据库角色

固定数据库角色是在数据库级别定义的，存在于每个数据库中，以便于在数据库级别授予用户特殊的权限集合，如表 10-2 所示。db_owner 数据库角色的成员可以管理固定数据库角色成员身份。固定数据库角色是指这些角色的数据库权限已被 SQL Server 预定义，不能对其权限进行任何修改，并且这些角色存在于每个数据库中。固定数据库角色的每个成员都可向同一个角色添加其他用户。

表 10-2 固定数据库角色

固定数据库角色	描　　述
db_owner	该角色的用户可以在数据库中执行任何操作
db_securityadmin	可以修改角色成员身份和管理权限。向此角色中添加主体可能会导致意外的权限升级
db_accessadmin	可以为 Windows 登录名、Windows 组和 SQL Server 登录名添加或删除数据库访问权限
db_backupoperator	可以备份数据库
db_ddladmin	可以在数据库中运行任何数据定义语言（DDL）命令
db_datawriter	可以在所有用户表中添加、删除或更改数据
db_datareader	可以从所有用户表中读取所有数据
db_denydatawriter	不能添加、修改或删除数据库内用户表中的任何数据

续表

固定数据库角色	描 述
db_denydatareader	不能读取数据库内用户表中的任何数据
public	当添加一个数据库用户时，它自动成为该角色成员，该角色不能被删除，指定给该角色的权限自动给予所有数据库用户

2. 自定义数据库角色

自定义数据库角色是当固定数据库角色不能满足要求时，可以自定义数据库角色。自定义数据库角色的方法主要有以下两种。

1）利用管理器创建数据库角色

以实例数据库 SYSDB 为例。

（1）在"对象资源管理器"窗口，选择"数据库"→"SYSDB"→"安全性"→"角色"。

（2）右键单击"数据库角色"选项，在弹出的快捷菜单中选择"新建数据库角色"命令，如图 10-6 所示。

（3）在弹出的"数据库角色-新建"对话框输入数据库角色的名字，也可以单击"添加"按钮添加数据库成员，如图 10-7 所示。

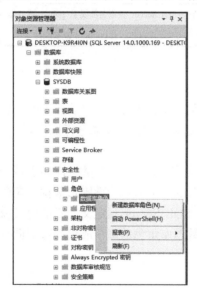

图 10-6 "对象资源管理器"窗口

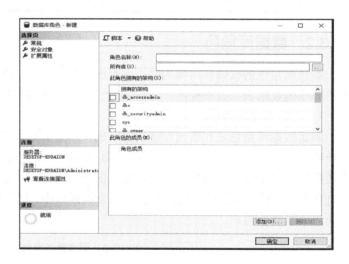

图 10-7 "数据库角色-新建"对话框

（4）输入完成之后，单击"确定"按钮。

2）利用 T-SQL 语句创建数据库角色

语法格式如下：

```
CREATE ROLE role_name [AUTHORIZATION owner_name]
```

参数说明：

role_name：将要创建的角色名称。

owner_name：该角色拥有者的名字，默认为 dbo。其中，owner_name 必须是当前数据库里的用户或角色。

10.3.3 权限管理

权限提供一种方法来对特权进行分组，并控制实例、数据库和数据库对象的维护和实用程序的操作。用户可以具有授予一组数据库对象的全部特权的管理权限，也可以具有授予管理系统的全部特权但不允许存取数据的系统权限。SQL Server 2017 中常用的权限如表 10-3 所示。

表 10-3　SQL Server 2017 中常用的权限

安 全 对 象	常 用 权 限
数据库	CREATE DATABASE、CREATE DEFAULT、CREATE FUNCTION、CREATE PROCEDURE、CREATE VIEW、CREATE TABLE、CREATE RULE、BACKUP DATABASE、BACKUP LOG
表	SELECT、DELETE、INSERT、UPDATE、REFERENCES
表值函数	SELECT、DELETE、INSERT、UPDATE、REFERENCES
视图	SELECT、DELETE、INSERT、UPDATE、REFERENCES
存储过程	EXECUTE、SYNONYM
标量函数	EXECUTE、REFERENCES

权限的状态有 3 种：授予、拒绝、撤销，可以使用如下语句来修改权限的状态。

（1）授予权限（GRANT）：授予权限以执行相关的操作。通过角色，所有该角色的成员继承此权限。

（2）撤销权限（REVOKE）：撤销授予的权限，但不会显示阻止用户或角色执行操作。用户或角色仍然能继承其他角色的 GRANT 权限。

（3）拒绝权限（DENY）：显示拒绝执行操作的权限，并阻止用户或角色继承权限，该语句优先于其他授予的权限。

1．GRANT 语句

GRANT 权限的基本语法格式如下：

```
GRANT <权限列表> ON<对象列表> TO <用户/角色列表>
```

权限=ALL 时表示希望给该类型的对象授予所有可用的权限。不推荐使用此选项，保留此选项仅用于向后兼容。授予 ALL 参数相当于授予以下权限：

（1）如果安全对象为数据库，则 ALL 表示 CREATE DATABASE、CREATE DEFAULT、CREATE FUNCTION、CREATE PROCEDURE、CREATE VIEW、CREATE TABLE、CREATE RULE 等权限。

（2）如果安全对象为标量函数，则 ALL 表示 EXECUTE 和 REFERENCES。

（3）如果安全对象为表值函数，则 ALL 表示 SELECT、DELETE、INSERT、UPDATE、REFERENCES。

（4）如果安全对象为存储过程，则 ALL 表示 EXECUTE、SYNONYM。

（5）如果安全对象为表，则 ALL 表示 SELECT、DELETE、INSERT、UPDATE、REFERENCES。

（6）如果安全对象为视图，则 ALL 表示 SELECT、DELETE、INSERT、UPDATE、REFERENCES。

【例 10-2】 给定实例数据库 SYSDB，使用 GRANT 语句，授予角色 guest 对 SYSDB 中 tbStudent 表的 INSERT、UPDATE、DELETE 权限。

```
USE SYSDB
GO
GRANT INSERT、UPDATE、DELETE ON TABLE tbStudent TO guest
GO
```

2. REVOKE 语句

REVOKE 语句为取消以前授予或拒绝的对象权限。利用 REVOKE 语句可取消以前给当前数据库用户授予或拒绝的权限。其语法格式如下：

REVOKE <权限列表> ON <对象列表> FROM <用户/角色列表>

【例 10-3】 给定实例数据库 SYSDB，使用 REVOKE 语句撤销 guest 角色对 tbStudent 表所拥有的 INSERT、UPDATE、DELETE 权限。

```
USE SYSDB
GO
REVOKE INSERT、UPDATE、DELETE ON TABLE tbStudent FROM guest
GO
```

3. DENY 语句

DENY 语句为拒绝语句权限。DENY 语句可以拒绝给当前数据库内的用户授予的权限，并防止数据库用户通过其组或角色成员资格继承权限。其语法格式如下：

DENY<权限列表> ON<对象列表> TO<用户/角色列表>

【例 10-4】 给定实例数据库 SYSDB。首先，在 SYSDB 为 PUBLIC 角色授予 tbStudent 表的执行 INSERT 操作权限，这样所有的数据库用户都拥有了对 tbStudent 表执行 INSERT 操作的权限。然后，使用 DENY 语句拒绝用户 guest 拥有该项权限。

```
USE SYSDB
GO
GRANT INSERT ON TABLE tbStudent TO public
GO
DENY INSERT ON TABLE tbStudent TO guest
GO
```

4. 使用 Microsoft SQL Server Management Studio 管理平台管理权限

（1）启动 Microsoft SQL Server Management Studio 管理平台，连接到适当的服务器。

（2）在"对象资源管理器"窗口中展开"数据库"，右键单击 SYSDB 数据库，在弹出的快捷菜单中选择"属性"命令，如图 10-8 所示。

图 10-8　打开数据库"SYSDB"的属性设置页

（3）在打开的"数据库属性-SYSDB"对话框中选择"权限"选项，如图 10-9 所示。

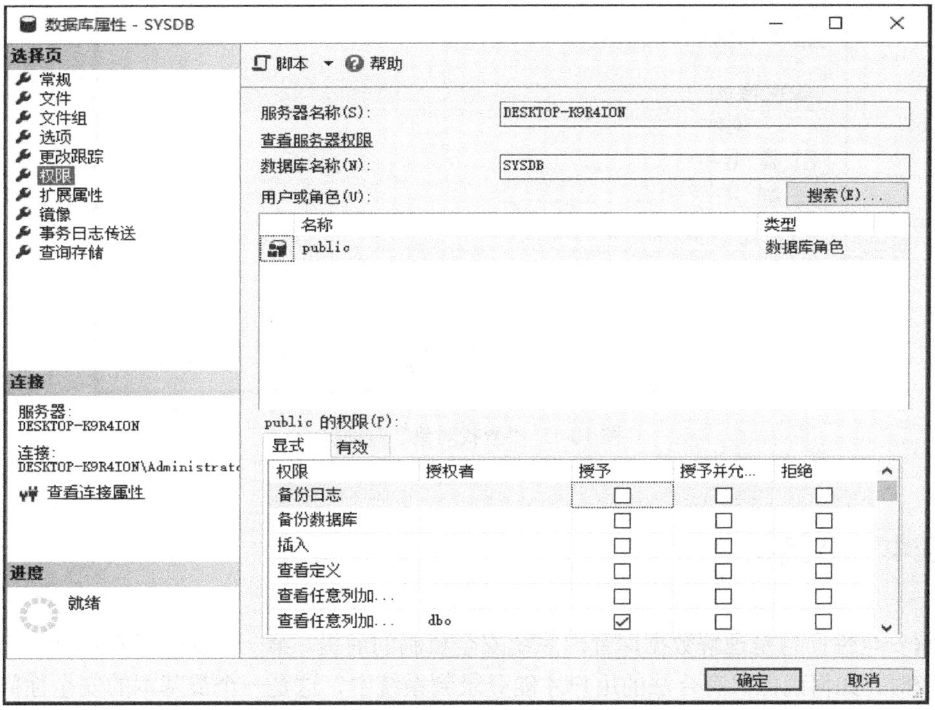

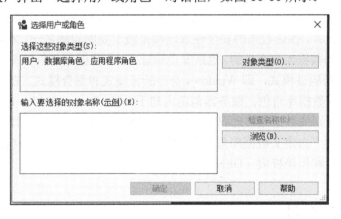

图 10-9 "数据库属性-SYSDB"对话框

（4）如果要对所有用户分配默认的权限，就为 public 角色分配权限。要添加用户或角色，单击"搜索"按钮，弹出"选择用户或角色"对话框，如图 10-10 所示。

图 10-10 "选择用户或角色"对话框

（5）单击"浏览"按钮，打开"查找对象"对话框，选择"public"数据角色，如图 10-11 所示，再单击"确定"按钮。

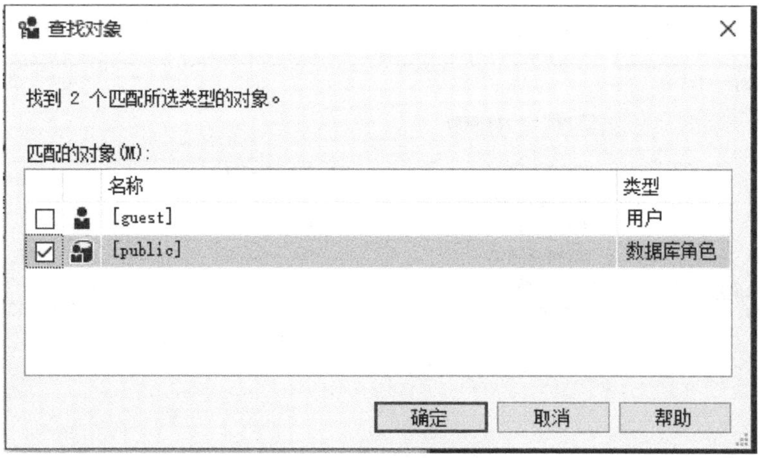

图 10-11 "查找对象"对话框

10.4 小结

理解安全性问题是理解数据库管理系统安全机制的前提。第一个安全问题：当用户登录数据库系统时，如何确保只有合法的用户才能登录到系统中？这是一个最基本的安全性问题，也是数据库管理系统提供的基本功能。在 Microsoft SQL Server 2017 系统中，通过身份验证模式和主体解决这个问题。第二个安全问题：当用户登录到系统中，他可以执行哪些操作、使用哪些对象和资源？SQL Server 系统通过安全对象和权限设置来解决这个问题。第三个安全问题：数据库中的对象由谁所有？如果是由用户所有，那么当用户被删除时，其所拥有的对象怎么办，难道数据库对象可以成为没有所有者的"孤儿"吗？这个问题通过用户和架构分离来解决。

对数据库系统而言，保证数据的安全性永远都是最重要的问题之一。本章主要介绍了 SQL Server 2017 中采用的数据库安全机制，包括安全验证方式、数据库角色和授权管理。SQL Server 2017 提供了两种身份验证模式，即 Windows 身份验证模式和混合模式。在 SQL Server 中，角色分为服务器角色和数据库角色。服务器角色内建于 SQL Server 2017，其权限无法更改，每一个角色拥有一定级别的数据库管理职能。数据库角色又分为数据库中预定义的"固定数据库角色"和可以创建的"自定义数据库角色"。管理权限的操作语句有授予权限（GRANT）、撤销权限（REVOKE）和拒绝权限（DENY）。

10.5 课后练习

一、选择题

1. 下面（   ）不是数据库系统必须提供的数据控制功能。

A. 安全性　　　　　　B. 可移植性　　　　　C. 完整性　　　　　　D. 并发控制

2. 保护数据库，防止未经授权的或不合法的使用造成的数据泄露、更改破坏，是指数据库的（   ）。

A. 安全性　　　　　　B. 完整性　　　　　　C. 并发控制　　　　　D. 恢复

3．以下（   ）不属于实现数据库系统安全性的主要技术和方法。

A．存取控制技术   B．视图技术

C．审计技术   D．出入机房登记和加锁

4．安全性控制防范的对象是（   ），防止他们对数据库的存取。

A．不合语义的数据   B．非法用户

C．不正确的数据   D．不符合约束的数据

5．下列 SQL 语句能够实现"收回用户 ZHAO 对学生表（STUD）中学号（XH）的修改权"功能的是（   ）。

A．REVOKE UPDATE(XH) ON TABLE FROM ZHAO

B．REVOKE UPDATE(XH) ON TABLE FROM PUBLIC

C．REVOKE UPDATE(XH) ON TABLE STUD FROM ZHAO

D．REVOKE UPDATE(XH) ON STUD FROM ZHAO

6．把对关系 SC 的属性 GRADE 的修改权授予用户 ZHAO 的 SQL 语句是（   ）。

A．GRANT GRADE ON SC TO ZHAO

B．GRANT UPDATE ON SC TO ZHAO

C．GRANT UPDATE(GRADE) ON SC TO ZHAO

D．GRANT GRADE ON SC (GRADE) TO ZHAO

二、简答题

1．简述 SQL Server 的登录验证模式。

2．SQL Server 验证模式的优缺点是什么？

3．在 SQL Server 中，角色分为哪几种类型？

4．简述 SQL Server 的固定数据库角色。

5．在 SQL Server 中，权限的状态有哪几种？修改权限状态的语句是什么？

三、操作题

1．查看并修改数据库服务器的身份验证方式。

2．分别使用 SQL 语句和管理器创建名称"Control"和所有者"dbo"的数据库角色。

3．给定实例数据库 SYSDB。授予角色 guest 对 SYSDB 中 tbTeacher 表的 INSERT、UPDATE、DELETE 权限。

4．给定实例数据库 SYSDB。撤销角色 guest 对 SYSDB 中 tbTeacher 表的 INSERT、UPDATE、DELETE 权限。

5．给定实例数据库 SYSDB。拒绝角色 guest 对 SYSDB 中 tbCourse 表的 INSERT、UPDATE、DELETE 权限。

第11章

SQL Server 2017 项目实训

SQL Server 2017 提供了各种访问接口，使得不同的应用程序可以实现访问数据库。本章通过一个完整的实例"学生课程基础数据维护系统"，实现通过 JSP 访问 SQL Server 2017 数据库，并在此基础上对数据表进行增、删、改、查等操作。此外，本章还介绍了在 Linux 下安装 SQL Server 2017 数据库、SQL Server 2017 中如何使用 Python 语言及 MSDN 社区使用等内容。

11.1　JSP 数据库应用程序开发

11.1.1　背景

某高校在校学生达到万人以上，随着招生规模的不断扩大，在校学生的人数在持续增加，随之出现了学生数据不完整、不一致，数据更新不及时等一系列问题。目前，急需一套专业的学生信息管理系统来提高管理效率。该系统可以做到信息的规范化管理、科学统计及快速查询、维护数据等，从而提高学生信息的可靠性及管理的效率。

11.1.2　功能模块

本节选取了学生信息管理系统的数据管理相关模块：学生课程基础数据维护系统，旨在维护学生、教师和课程的基本信息。管理员用户负责对系统所有基本信息的维护，包括对学生基本信息、教师基本信息、课程基本信息进行添加、修改和删除等。

整个系统完成的功能如下：

（1）用户登录。

（2）学生信息管理。

（3）教师信息管理。

（4）课程信息管理。

（5）注销退出。

鉴于学生信息管理、教师信息管理和课程信息管理功能的重叠性，本节只讲解学生信息管理模块，其他模块可由读者自己完成。

11.1.3　JSP 连接 SQL Server 2017

JSP 作为最流行的 Web 开发技术之一，具有跨平台、可伸缩、安全高效等特性。基于 JSP 的 Web 数据库应用开发是将数据库技术与 JSP 技术融合，完成具有实际意义的应用系统。

JSP 连接 SQL Server 2017 数据库有多种方法，下面介绍其中最常用的方法：通过 JTDS JDBC Driver 连接 SQL Server 2017 数据库。具体步骤如下：

（1）下载 jtds-1.3.1.jar，并放到 lib 目录下。jtds 是 JSP 连接 SQL Server 2017 数据库的驱动程序。

（2）定义连接字符串的基本格式：

```
String dbURL = "jdbc:jtds:sqlserver://127.0.0.1:1433;;DatabaseName=SYSDB";
```

其中，"127.0.0.1:1433"是数据库服务器的地址及端口；"DatabaseName=SYSDB"指定了数据库服务器中当前所连接的数据库为 SYSDB。

（3）定义连接用户名及密码：

```
String user = "sa";
String password = "*******";
```

此用户名和密码是用来连接 SYSDB 数据库的账号和密码。

（4）加载驱动并建立连接：

```
Class.forName("net.sourceforge.jtds.jdbc.Driver");
conn = DriverManager.getConnection(dbURL,user,password);
```

执行完上述步骤后，JSP 与 SQL Server 2017 之间建立了数据通道，接下来可以根据具体需求对数据库进行其他操作。

11.1.4　系统实现

本项目在 Spring Tool Suite 3.9.2 环境下进行开发，项目名称为 WSXK。项目开发完成后的目录结构如图 11-1 所示。

在 WebContent 根目录下有多个文件及文件夹，其中 doExit.jsp 是实现用户注销退出的一个公共文件，login.jsp 和 loginCheck.jsp 是所有用户登录时都要用到的页面显示及登录验证文件，top.jsp 用来显示主页面框架顶部的文字标题，admin 文件夹中包括了管理员用户登录后进行操作涉及的所有文件。

1. 登录界面及实现

在 Spring Tool Suite 3.9.2 环境中，将项目 WSXK 部署以后，启动服务器，在浏览器地址栏中输入 http://localhost:8080/WSXK/login.jsp，即可进入本系统的登录界面，如图 11-2 所示。

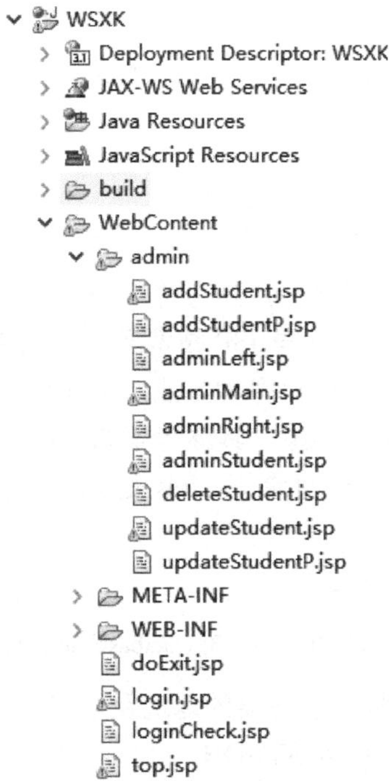

图 11-1　项目开发完成后的目录结构

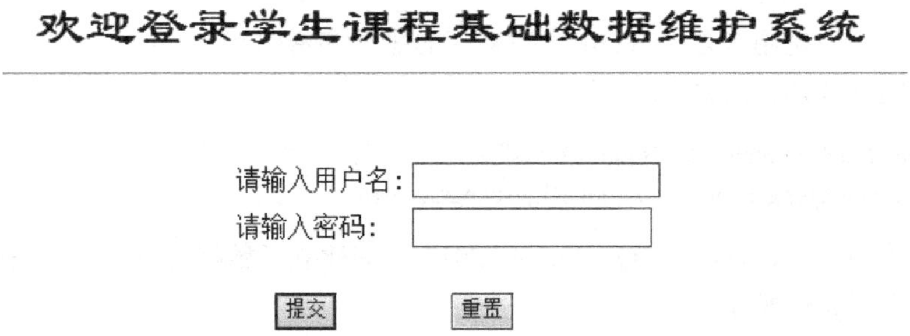

欢迎登录学生课程基础数据维护系统

请输入用户名：_____

请输入密码：_____

提交　　　　重置

图 11-2　系统登录界面

在图 11-2 中，输入正确的用户名和密码，进行用户名密码匹配操作，即对数据库中的记录进行查询和判断操作，代码在 loginCheck.jsp 中，具体如下：

```
<%@ page contentType="text/html;charset=GB2312" %>
<%@page import="java.sql.*"%>
<html>
<head>
    <title>学生课程基础数据维护系统</title>
</head>
<body>
<%
    String strUser=(String)session.getAttribute("name");
    if(strUser==null){
```

```
            out.println("<h2>请先登录,谢谢!</h2>");
            out.println("<h2>2 秒钟后,自动跳转到登录页面!</h2>");
            response.setHeader("refresh","2;URL=login.jsp");
        }else{
%>
<%
    request.setCharacterEncoding("GB2312");
    String userName=request.getParameter("userName");
    String userPassword=request.getParameter("userPassword");
    session.setAttribute("name",userName);
    String sql=null;
    Connection conn=null;
    Statement stmt=null;
    ResultSet rs=null;
    String dbURL = "jdbc:jtds:sqlserver://127.0.0.1:1433;;DatabaseName=SYSDB";
    String user = "sa";
    String password = "******";
    try{
        Class.forName("net.sourceforge.jtds.jdbc.Driver");
        conn = DriverManager.getConnection(dbURL,user,password);
        stmt=conn.createStatement();
        sql="select * from tbUser where username='"+userName+"' and password='"+userPassword+"'";
        rs=stmt.executeQuery(sql);
        if(rs.next()){
            response.sendRedirect("admin/adminMain.jsp");
        }
        else
        {
            response.sendRedirect("login.jsp");
        }
    }catch(Exception e){
        e.printStackTrace();
    }finally{
        rs.close();
        stmt.close();
        conn.close();
    }
  }
%>
</body>
</html>
```

2. 主页

当用户名和密码验证正确后进入主界面,如图 11-3 所示。

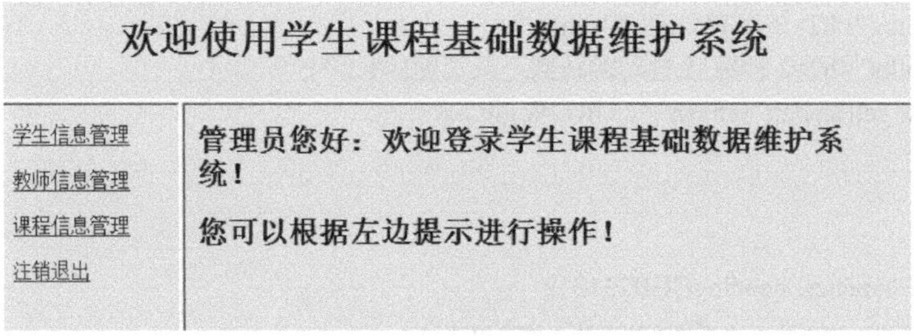

图 11-3　系统主界面

主界面采用了简单的框架结构。文件代码如下：

```
<%@ page contentType="text/html;charset=GB2312" %>
<html>
<head>
    <title>欢迎使用学生课程基础数据维护系统</title>
</head>
<frameset rows="80,*">
    <frame src="../top.jsp" name="top">
    <frameset cols="20%,*">
    <frame src="adminLeft.jsp" name="left">
    <frame src="adminRight.jsp" name="right">
    </frameset>
</frameset>
</html>
```

3. 学生信息显示的实现

在图 11-3 中，单击“学生信息管理”超链接到 adminStudent.jsp，在主界面的右边显示出学生信息显示界面，如图 11-4 所示。

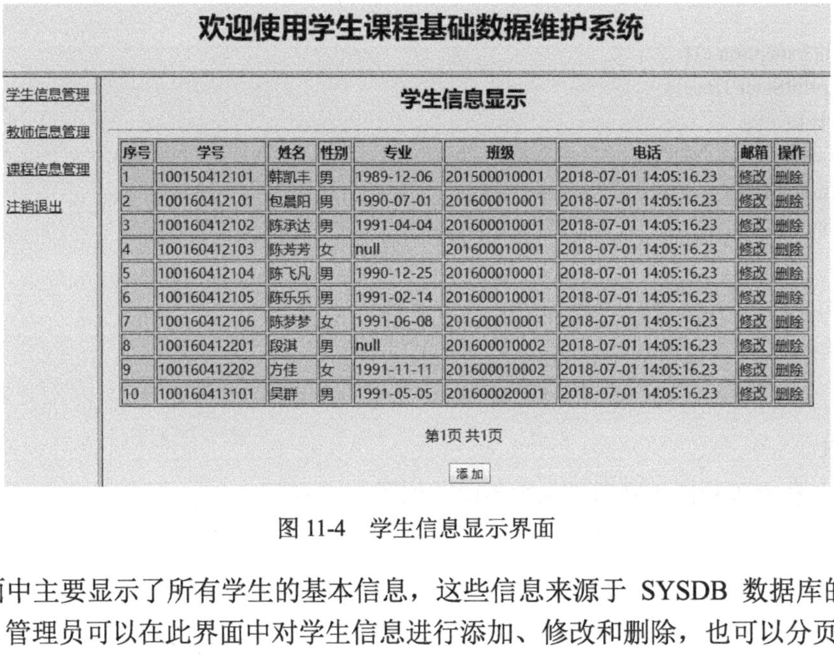

序号	学号	姓名	性别	专业	班级	电话	邮箱	操作
1	100150412101	韩凯丰	男	1989-12-06	201500010001	2018-07-01 14:05:16.23	修改	删除
2	100160412101	包晨阳	男	1990-07-01	201600010001	2018-07-01 14:05:16.23	修改	删除
3	100160412102	陈承达	男	1991-04-04	201600010001	2018-07-01 14:05:16.23	修改	删除
4	100160412103	陈芳芳	女	null	201600010001	2018-07-01 14:05:16.23	修改	删除
5	100160412104	陈飞凡	男	1990-12-25	201600010001	2018-07-01 14:05:16.23	修改	删除
6	100160412105	陈乐乐	男	1991-02-14	201600010001	2018-07-01 14:05:16.23	修改	删除
7	100160412106	陈梦梦	女	1991-06-08	201600010001	2018-07-01 14:05:16.23	修改	删除
8	100160412201	段淇	男	null	201600010002	2018-07-01 14:05:16.23	修改	删除
9	100160412202	方佳	女	1991-11-11	201600010002	2018-07-01 14:05:16.23	修改	删除
10	100160413101	吴群	男	1991-05-05	201600020001	2018-07-01 14:05:16.23	修改	删除

图 11-4　学生信息显示界面

本界面中主要显示了所有学生的基本信息，这些信息来源于 SYSDB 数据库的 tbStudent 表。此外，管理员可以在此界面中对学生信息进行添加、修改和删除，也可以分页浏览。

本界面的具体代码如下：

```jsp
<%@ page contentType="text/html;charset=GB2312" %>
<%@page import="java.sql.*"%>
<html>
<head>
    <title>学生课程基础数据维护系统</title>
</head>
<body bgcolor="#E3E3E3"><center>
    <h2>学生信息显示</h2>
    <hr>
    <table border="1" width="800" bgcolor="cccfff" align="center">
     <tr><th>序号</th>
        <th>学号</th><th>姓名</th><th>性别</th><th>专业</th><th>班级</th>
        <th>电话</th><th>邮箱</th><th colspan="2">操作</th>
     </tr>
     <%
        String dbURL = "jdbc:jtds:sqlserver://127.0.0.1:1433;;DatabaseName=SYSDB";
        String user = "sa";
        String password = "******";
        Class.forName("net.sourceforge.jtds.jdbc.Driver");
        Connection conn = DriverManager.getConnection(dbURL,user,password);
        int pageSize;                              //一页显示的记录数
        int totalSize;                             //记录总数
        int totalPage;                             //总页数
        int currentPage;                           //待显示页码
        String strPage;
        int i,id;
        pageSize=10;                               //设置一页显示的记录数
        strPage=request.getParameter("page");      //取得待显示页码
        if(strPage==null){
           currentPage=1;
        }else{
           currentPage=Integer.parseInt(strPage);  //将字符串转换成整型
        }
        Statement stmt=conn.createStatement(ResultSet.TYPE_SCROLL_SENSITIVE,
ResultSet.CONCUR_READ_ONLY);
        String   sql="select * from tbStudent";
        ResultSet   rs=stmt.executeQuery(sql);
        rs.last();                                 //光标指向查询结果集中最后一条记录
        totalSize=rs.getRow();                     //获取记录总数
        totalPage=(totalSize+pageSize-1)/pageSize; //计算总页数
        if(totalPage>0){
           rs.absolute((currentPage-1)*pageSize+1); //将记录指针定位到待显示页的第一条记录上
           i=0;
           id=(currentPage-1)*pageSize+1;
           String stuNum;
           while(i<pageSize && !rs.isAfterLast()){
```

```
                    stuNum=rs.getString("studentNo");
        %>
        <tr>
                <td><%=id%></td>
                <td><%=stuNum%></td>
                <td><%=rs.getString("studentName")%></td>
                <td><%=rs.getString("studentSex")%></td>
                <td><%=rs.getString("studentBirth")%></td>
                <td><%=rs.getString("classNo")%></td>
                <td><%=rs.getString("signTime")%></td>
                <td><a href="updateStudent.jsp?stuNum=<%=stuNum%>">修改</a></td>
                <td><a  href="deleteStudent.jsp?stuNum=<%=stuNum%>"  onClick="if(!confirm('确定要删除
吗？'))return false;else return true;">删除</a></td>
        </tr>
        <%
                rs.next();
                i++;id++;
                }
            }
        %>
    </table>
    <br>
    <div align="center">
        第<%=currentPage%>页  共<%=totalPage%>页
    <%
        if(currentPage>1){
    %>
        <a href="adminStudent.jsp?page=1">第一页</a>
        <a href="adminStudent.jsp?page=<%=currentPage-1%>">上一页</a>
    <%
        }
        if(currentPage<totalPage){
    %>
        <a href="adminStudent.jsp?page=<%=currentPage+1%>">下一页</a>
        <a href="adminStudent.jsp?page=<%=totalPage%>">最后一页</a>
    <%
        }
        rs.close();
        stmt.close();
        conn.close();
    %>
    </div>
    <br>
    <form action="addStudent.jsp" method="post" name="form1">
           <input type="submit" value="添 加" name="submit">
    </form>
    </center>
```

```
    </body>
    </html>
```

4．学生信息添加功能的实现

单击学生信息显示界面最下面的"添加"按钮，进入添加界面，如图 11-5 所示。

请输入要添加学生的信息

学　号：	
姓　名：	
性　别：	⦿男 ○女
生日：	
班 级号：	

提交　重置

图 11-5　添加学生界面

其具体代码如下：

```
<%@ page contentType="text/html;charset=GB2312" %>
<html>
<head>
    <title>学生课程基础数据维护系统</title>
</head>
<body bgcolor="#E3E3E3">
    <br><br>
    <center>
    <form action= "addStudentP.jsp"    method="post">
    <h2>请输入要添加学生的信息</h2>
    <hr>
    <table border="0">
      <tr>
        <td>学 号：</td>
        <td><input type="text" name="stuNum"></td>
      </tr>
      <tr>
        <td>姓 名：</td>
        <td><input type="text" name="stuName"></td>
      </tr>
      <tr>
        <td>性 别：</td>
        <td><input type="radio" name="stuSex" value="男" checked>男
            <input type="radio" name="stuSex" value="女">女
        </td>
      </tr>
      <tr>
        <td>生日：</td>
```

```
            <td><input type="text" name="stuBirth"></td>
        </tr>
        <tr>
            <td>班 级 号：</td>
            <td><input type="text" name="stuClass"></td>
        </tr>
        <tr><td> </td><td> </td></tr>
        <tr align="center">
            <td colspan="2">
                <input name="submit" type="submit" value="提 交">
                        
                    <input name="reset" type="reset" value="重 置">
            </td>
        </tr>
        </table>
    </form>
    </center>
</body>
</html>
```

输入的姓名等参数提交到 addStudentP.jsp 中，addStudentP.jsp 接收参数并存储到数据库，具体代码如下：

```
<%@ page contentType="text/html;charset=GB2312" %>
<%@page import="java.sql.*"%>
<html>
<head>
    <title>学生课程基础数据维护系统</title>
</head>
<body>
<%
    request.setCharacterEncoding("GB2312");
    String stuNum=request.getParameter("stuNum");
    String stuName=request.getParameter("stuName");
    String stuSex=request.getParameter("stuSex");
    String stuBirth=request.getParameter("stuBirth");
    String stuClass=request.getParameter("stuClass");
    String dbURL = "jdbc:jtds:sqlserver://127.0.0.1:1433;;DatabaseName=SYSDB";
    String user = "sa";
    String password = "******";
    Class.forName("net.sourceforge.jtds.jdbc.Driver");
    Connection conn = DriverManager.getConnection(dbURL,user,password);
    Statement stmt=conn.createStatement();
    String  sql2="select * from tbStudent where studentNo='"+stuNum+"'";
    ResultSet  rs=stmt.executeQuery(sql2);
    if(!rs.next()){
    String  sql="insert  into  tbStudent(studentNo,studentName,studentSex,studentBirth,classNo)  values('"+stuNum+"','"+stuName+"','"+stuSex+"','"+stuBirth+"','"+stuClass+"')";
```

```
    int i=stmt.executeUpdate(sql) ;
    if(i==1){
%>
    <h2>记录添加成功！</h2>
<% }else{
%>
    <h2>记录添加失败！</h2>
<% }
    }else{
%>
    <h2>该学号已存在，不允许重复添加！</h2>
<% }
    stmt.close();
    conn.close();
    response.setHeader("refresh","1;URL=adminStudent.jsp");
%>
</body>
</html>
```

5.　学生信息修改功能的实现

单击表格右侧的"修改"按钮，进入当前记录的修改界面，如图 11-6 所示。

图 11-6　修改学生信息界面

具体代码如下：

```
<%@ page contentType="text/html;charset=GB2312" %>
<%@page import="java.sql.*"%>
<html>
<head>
    <title>学生课程基础数据维护系统</title>
</head>
<body bgcolor="#e3e3e3">
<%
    request.setCharacterEncoding("GB2312");
    String stuNum=request.getParameter("stuNum");
    String dbURL = "jdbc:jtds:sqlserver://127.0.0.1:1433;;DatabaseName=SYSDB";
```

```
        String user = "sa";
        String password = "******";
        Class.forName("net.sourceforge.jtds.jdbc.Driver");
        Connection conn= DriverManager.getConnection(dbURL,user,password);
        Statement stmt=conn.createStatement();
        String   sql="select * from tbStudent where studentNo='"+stuNum+"'";
        ResultSet rs=stmt.executeQuery(sql);
        if(rs.next()){
%>
        <center>
        <form action= "updateStudentP.jsp"    method="post">
            <h2>要修改的学生信息如下：</h2>
            <hr>

            <table border="0">
                <tr>
                    <td>学 号：</td>
                    <td><input type="text" name="stuNum" value="<%=rs.getString("studentNo")%>" readOnly></td>
                </tr>
                <tr>
                    <td>姓 名：</td>
                    <td><input type="text" name="stuName" value="<%=rs.getString("studentName")%>"></td>
                </tr>
                <tr>
                    <td>性 别：</td>
                    <td><input type="text" name="stuSex" value="<%=rs.getString("studentSex")%>" readOnly></td>
                </tr>
                <tr>
                    <td>班 级：</td>
                    <td><input type="text" name="stuClass" value="<%=rs.getString("classNo")%>"></td>
                </tr>
                <tr>
                    <td>生日：</td>
                    <td><input type="text" name="stuBirth" value="<%=rs.getString("studentBirth")%>" readOnly> </td>
                </tr>
                <tr><td> </td><td> </td></tr>
                <tr><td colspan="2"> （说明：只能修改姓名和班级！）</td></tr>
                <tr><td> </td><td> </td></tr>
                <tr align="center">
                    <td colspan="2">
                        <input name="submit" type="submit" value="提 交">
                          <a href="JavaScript:window.history.back()">取 消</a>
                    </td>
                </tr>
            </table>
        </form>
        </center>
<% }
```

```
    stmt.close();
    conn.close();
%>
</body>
</html>
```

修改的姓名等参数提交到 updateStudentP.jsp 中，updateStudentP.jsp 接收参数并存储到数据库，具体代码如下：

```
<%@ page contentType="text/html;charset=GB2312" %>
<%@page import="java.sql.*"%>
<html>
<head>
    <title>网上选课系统</title>
</head>
<body>
<%
    request.setCharacterEncoding("GB2312");
    String stuNum=request.getParameter("stuNum");
    String stuName=request.getParameter("stuName");
    String stuClass=request.getParameter("stuClass");
    String dbURL = "jdbc:jtds:sqlserver://127.0.0.1:1433;;DatabaseName=SYSDB";
    String user = "sa";
    String password = "******";
    Class.forName("net.sourceforge.jtds.jdbc.Driver");
    Connection conn= DriverManager.getConnection(dbURL,user,password);
    Statement stmt=conn.createStatement();
    String sql="update tbStudent set studentName='"+stuName+"',classNo='"+stuClass+"' where studentNo=
'"+stuNum+"'";
    int i=stmt.executeUpdate(sql) ;
    if(i==1){
%>
    <h2>记录修改成功！</h2>
<% }else{
%>
    <h2>记录更新失败！</h2>
<% }
    stmt.close();
    conn.close();
    response.setHeader("refresh","2;URL=adminStudent.jsp");
%>
</body>
</html>
```

6. 学生信息删除功能的实现

单击表格右侧的"删除"按钮，可删除当前记录，具体代码如下：

```
<%@ page contentType="text/html;charset=GB2312" %>
<%@page import="java.sql.*"%>
```

```
<html>
<head>
  <title>学生课程基础数据维护系统</title>
</head>
<body>
<%
    request.setCharacterEncoding("GB2312");
    String stuNum=request.getParameter("stuNum");
    String dbURL = "jdbc:jtds:sqlserver://127.0.0.1:1433;;DatabaseName=SYSDB";
    String user = "sa";
    String password = "fj19811103";
    Class.forName("net.sourceforge.jtds.jdbc.Driver");
    Connection conn= DriverManager.getConnection(dbURL,user,password);
    Statement stmt=conn.createStatement();
    String sql="delete from tbStudent where studentNo='"+stuNum+"'";
    int i=stmt.executeUpdate(sql) ;
    if(i==1){
%>
    <h2>记录删除成功！</h2>
<% }else{
%>
    <h2>记录删除失败！</h2>
<% }
    stmt.close();
    conn.close();
    response.setHeader("refresh","1;URL=adminStudent.jsp");
%>
</body>
</html>
```

11.2 Linux 环境下部署 SQL Server 2017

2017 年 10 月，微软官方发布了 SQL Server 2017 for Linux。这是 SQL Server 历史上首次同时发布 Windows 和 Linux 版。此外，微软还发布了能使用 Docker 部署的容器版本。对 SQL Server 而言，这是其历史上具有里程碑意义的一步，标志着 SQL Server 在 Linux 平台上首次可用。SQL Server 2017 新版本成为第一个云端、跨不同操作系统的版本，包括 Linux、Docker。

SQL Server 2017 目前支持的 Linux 发行版包括：Red Hat Enterprise Linux(RHEL)，SUSE Linux Enterprise Server 和 Ubuntu。

本节将详细介绍 SQL Server 2017 在 Linux CentOS 7 环境下的安装部署。

11.2.1 背景

A 公司原来的应用系统的 SQL Server 2017 数据库部署在 Windows Server 2008 操作系统上，当前由于企业业务要迁移到公有云端，数据库需要迁移到 Linux CentOS 7 系统的 ECS 平台上，所以需要在 Linux 平台下安装 SQL Server 2017 for Linux 版本，为数据库业务迁移到公有云端提供技术支持。

11.2.2　需求分析

根据迁移 SQL Server 2017 数据库业务到 Linux 云平台的任务需求分析，需要做以下准备工作。

（1）安装 SQL Server 2017 的操作系统平台为 CentOS 7，若在虚拟机（如 VMware）下，网络选择“桥接模式”。

（2）CentOS 7 系统安装完毕，为了启动 Linux 系统的网络服务，需要在终端做如下配置操作：

```
#nmcli connection modify ens33 ipv4.method /auto          //设置系统网络模式为自动启动模式
#nmcli connection up ens33                                //启动 ens33 网卡
```

为了满足 SQL Server 2017 安装对内存的要求，配置 Linux 操作系统时，内存不能少于 4GB。下面开始 SQL Server 2017 的安装。

11.2.3　项目实施步骤

1. CentOS 7 下安装 SQL Server 2017

（1）下载 Microsoft SQL Server for CentOS 软件源配置文件，如图 11-7 所示。

```
# curl -o /etc/yum.repos.d/mssql-server.repo https://packages.microsoft.com/config/rhel/7/mssql-server-2017. repo
```

```
[root@localhost network-scripts]# curl -o /etc/yum.repos.d/mssql-server.repo https://packages.microsoft.com/config/rhel/7/mssql-server-2017.repo
  % Total    % Received % Xferd  Average Speed   Time    Time     Time  Current
                                 Dload  Upload   Total   Spent    Left  Speed
100   232  100   232    0     0    700      0 --:--:-- --:--:-- --:--:--   703
[root@localhost network-scripts]# 
```

图 11-7　下载 SQL Server 2017 软件源文件截图

（2）运行命令，安装 SQL Server 2017，如图 11-8 所示。

```
# yum install -y mssql-server
```

```
[root@localhost network-scripts]# yum -y install mssql-server
已加载插件：fastestmirror, langpacks
base                                                          | 3.6 kB  00:00:00
extras                                                        | 3.4 kB  00:00:00
packages-microsoft-com-mssql-server-2017                      | 2.9 kB  00:00:00
updates                                                       | 3.4 kB  00:00:00
(1/5): base/7/x86_64/group_gz                                 | 166 kB  00:00:00
(2/5): packages-microsoft-com-mssql-server-2017/primary_db    |  13 kB  00:00:00
(3/5): base/7/x86_64/primary_db                               | 5.9 MB  00:00:14
(4/5): updates/7/x86_64/primary_db                            | 4.2 MB  00:00:29
(5/5): extras/7/x86_64/primary_db                             | 172 kB  00:00:00
Determining fastest mirrors
 * base: mirrors.aliyun.com
 * extras: mirrors.163.com
 * updates: mirrors.aliyun.com
正在解决依赖关系
--> 正在检查事务
---> 软件包 mssql-server.x86_64.0.14.0.3030.27-1 将被 安装
--> 解决依赖关系完成

依赖关系解决
```

图 11-8　在线安装 SQL Server 2017 命令及过程截图

```
Package              架构      版本          源                                          大小
正在安装:
 mssql-server        x86_64   14.0.3030.27-1   packages-microsoft-com-mssql-server-2017    169 M
事务概要
安装  1 软件包

总下载量:169 M
安装大小:169 M
Downloading packages:
警告:/var/cache/yum/x86_64/7/packages-microsoft-com-mssql-server-2017/packages/mssql-server-
14.0.3030.27-1.x86_64.rpm: 头 V4 RSA/SHA256 Signature, 密钥 ID be1229cf: NOKEY
mssql-server-14.0.3030.27-1.x86_64.rpm 的公钥尚未安装
mssql-server-14.0.3030.27-1.x86_64.rpm                          | 169 MB  00:00:37
从 https://packages.microsoft.com/keys/microsoft.asc 检索密钥
导入 GPG key 0xBE1229CF:
 用户ID   : "Microsoft (Release signing) <gpgsecurity@microsoft.com>"
 指纹     : bc52 8686 b50d 79e3 39d3 721c eb3e 94ad be12 29cf
 来自     : https://packages.microsoft.com/keys/microsoft.asc
Running transaction check
Running transaction test
Transaction test succeeded
Running transaction
 正在安装    : mssql-server-14.0.3030.27-1.x86_64                      1/1
+-----------------------------------------------------------------+
请运行 "sudo /opt/mssql/bin/mssql-conf setup"
完成 Microsoft SQL Server 的设置
+-----------------------------------------------------------------+

需重启 SQL Server 才能应用此设置。请运行
"systemctl restart mssql-server.service"。
 验证中      : mssql-server-14.0.3030.27-1.x86_64                      1/1

已安装:
 mssql-server.x86_64 0:14.0.3030.27-1

完毕!
```

图 11-8　在线安装 SQL Server 2017 命令及过程截图（续）

2. 第一次启用 SQL Server 2017 的简要配置

软件包安装完成后，运行 mssql conf 安装命令并按照操作提示设置 sa 密码，并选择 SQL 版本（Dev 版本——免费版），配置命令操作如图 11-9 所示。

```
[root@localhost ~]# /opt/mssql/bin/mssql-conf setup
选择 SQL Server 的一个版本:
 1) Evaluation (免费，无生产许可，180 天限制)
 2) Developer (免费，无生产许可)
 3) Express (免费)
 4) Web (付费版)
 5) Standard (付费版)
 6) Enterprise (付费版)
 7) Enterprise Core (付费版)
 8) 我通过零售渠道购买了许可证并具有要输入的产品密钥。

可在以下位置找到有关版本的详细信息:
https://go.microsoft.com/fwlink/?LinkId=852748&clcid=0x804

使用此软件的付费版本需要通过以下途径获取单独授权
Microsoft 批量许可计划。
选择付费版本即表示你具有适用的
要安装和运行此软件的就地许可证数量。

输入版本(1-8): 2
可以在以下位置找到此产品的许可条款:
/usr/share/doc/mssql-server 或从以下位置下载:
https://go.microsoft.com/fwlink/?LinkId=855862&clcid=0x804

可以从以下位置查看隐私声明:
https://go.microsoft.com/fwlink/?LinkId=853010&clcid=0x804

接受此许可条款吗? [Yes/No]:yes
```

图 11-9　配置命令操作

```
选择 SQL Server 的语言：
(1) English
(2) Deutsch
(3) Español
(4) Français
(5) Italiano
(6) 日本語
(7) 한국어
(8) Português
(9) Русский
(10) 中文 一简体
(11) 中文 （繁体）
输入选项 1-11:10
输入 SQL Server 系统管理员密码：
确认 SQL Server 系统管理员密码：
正在配置 SQL Server...

ForceFlush is enabled for this instance.
ForceFlush feature is enabled for log durability.
Created symlink from /etc/systemd/system/multi-user.target.wants/mssql-server.service to /usr
/lib/systemd/system/mssql-server.service.
安装程序已成功完成。SQL Server 正在启动。
[root@localhost ~]#
```

图 11-9　配置命令操作（续）

（1）输入命令：#　/opt/mssql/bin/mssql-conf setup。

（2）选择 SQL 版本 Dev 版本（免费版）输入：2。

（3）接受 SQL Lisence 条款许可，输入：yes。

（4）选择 SQL Server 语言，输入：10。

（5）输入 SQL Server 系统管理员密码：Allan123。

注意： 设置 SQL Server 管理员 sa 的密码（还会提示再次输入确认密码，输入即可），请确保为 sa 账户指定强密码（最少 8 个字符，包括大写和小写字母、十进制数字和/或非字母数字符号）。

至此，SQL Server 2017 已经安装完成并启动成功。

3. 查看验证服务

SQL Server 2017 配置完成后，查看验证服务是否正在运行，在 Linux 终端使用命令如下：

```
# systemctl status mssql-server
```

终端显示 SQL Server 2017 运行一切正常，如图 11-10 所示。

```
[root@localhost ~]# systemctl status mssql-server
● mssql-server.service - Microsoft SQL Server Database Engine
   Loaded: loaded (/usr/lib/systemd/system/mssql-server.service; enabled; vendor preset: disa
bled)
   Active: active (running) since 二 2018-07-24 16:21:06 CST; 14min ago
     Docs: https://docs.microsoft.com/en-us/sql/linux
 Main PID: 2760 (sqlservr)
   CGroup: /system.slice/mssql-server.service
           ├─2760 /opt/mssql/bin/sqlservr
           └─2790 /opt/mssql/bin/sqlservr

7月 24 16:21:14 localhost.localdomain sqlservr[2760]: 2018-07-24 16:21:14.17 spid6s    ....
7月 24 16:21:14 localhost.localdomain sqlservr[2760]: 2018-07-24 16:21:14.17 spid6s    ....
7月 24 16:21:14 localhost.localdomain sqlservr[2760]: 2018-07-24 16:21:14.26 spid9s    ....
7月 24 16:21:14 localhost.localdomain sqlservr[2760]: 2018-07-24 16:21:14.27 spid9s    ....
7月 24 16:21:15 localhost.localdomain sqlservr[2760]: 2018-07-24 16:21:15.04 spid9s    ....
7月 24 16:21:15 localhost.localdomain sqlservr[2760]: 2018-07-24 16:21:15.26 spid9s    ....
7月 24 16:21:15 localhost.localdomain sqlservr[2760]: 2018-07-24 16:21:15.27 spid22s   ....
7月 24 16:21:15 localhost.localdomain sqlservr[2760]: 2018-07-24 16:21:15.27 spid22s   ....
7月 24 16:21:15 localhost.localdomain sqlservr[2760]: 2018-07-24 16:21:15.29 spid22s   ....
7月 24 16:21:15 localhost.localdomain sqlservr[2760]: 2018-07-24 16:21:15.38 spid6s    ....
Hint: Some lines were ellipsized, use -l to show in full.
[root@localhost ~]#
```

图 11-10　SQL Server 2017 安装完成后查询运行状态

4. 配置防火墙实现远程链接

默认的 SQL Server 端口为 TCP 1433。若 Linux 系统使用 FirewallD 防火墙，可以使用以下命令（如图 11-11 所示）：

```
#firewall-cmd --zone=public --add-port=1433/tcp --permanent
# firewall-cmd --reload
```

```
[root@localhost ~]# firewall-cmd --zone=public --add-port=1433/tcp --permanent
success
[root@localhost ~]# firewall-cmd --reload
success
[root@localhost ~]# 
```

图 11-11　为 SQL Server 配置防火墙参数

注意： 若提示"FirewallD is not running"说明防火墙没有开启，那么开启防火墙：# systemctl start firewalld；再运行以上开启 1433 端口的命令#firewall-cmd --zone=public --add-port=1433/tcp --permanent 即可。

为了在 Windows 环境下远程连接 Linux 下的 SQL Sever 服务器，需要知道 Linux 系统的 IP 地址。在 Linux 终端查看系统的 IP 地址，使用如下命令（如图 11-12 所示）：

```
# ip a s        //这里查看的结果是：10.113.11.20
```

```
[root@localhost ~]# ip a s
1: lo: <LOOPBACK,UP,LOWER_UP> mtu 65536 qdisc noqueue state UNKNOWN qlen 1
    link/loopback 00:00:00:00:00:00 brd 00:00:00:00:00:00
    inet 127.0.0.1/8 scope host lo
       valid_lft forever preferred_lft forever
    inet6 ::1/128 scope host
       valid_lft forever preferred_lft forever
2: ens33: <BROADCAST,MULTICAST,UP,LOWER_UP> mtu 1500 qdisc pfifo_fast state UP qlen 1000
    link/ether 00:0c:29:f7:8b:57 brd ff:ff:ff:ff:ff:ff
    inet 10.113.11.20/24 brd 10.113.11.255 scope global dynamic ens33
       valid_lft 689440sec preferred_lft 689440sec
```

图 11-12　在 Linux 终端查看 IP 地址操作截图

5. 下载安装 SQL Server Management Studio 管理工具（在 Windows7 或以上的版本系统）

下载地址为 https://go.microsoft.com/fwlink/?linkid=873126。不可使用低版本的管理工具，因为过程中可能会无故出现一些异常。下载 SQL Server Management Studio 管理工具如图 11-13 所示。

图 11-13　下载 SQL Server Management Studio 管理工具

（1）参考图 11-14～图 11-17，安装 SQL Server Management Studio。

图 11-14　SQL Server Management Studio 安装界面 1

图 11-15　SQL Server Management Studio 安装界面 2

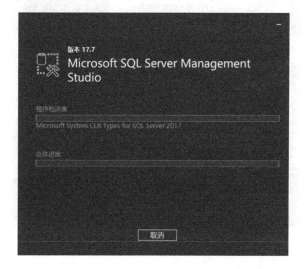

图 11-16　SQL Server Management Studio 安装进度

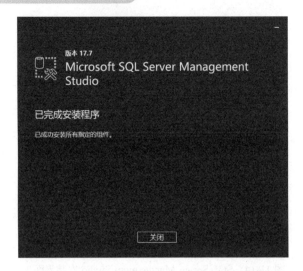

图 11-17　SQL Server Management Studio 安装结束

（2）启动 Windows 下的 SQL Server Manager Studio 管理工具，如图 11-18 和图 11-19 所示。

图 11-18　SQL Server Management Studio 启动菜单

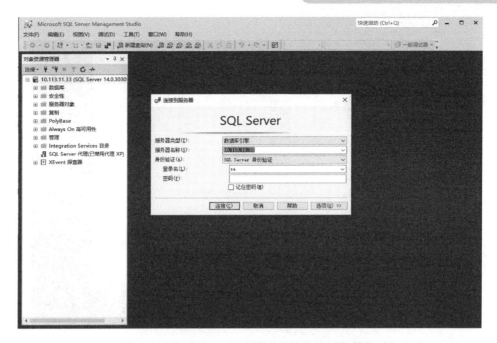

图 11-19　SQL Server Management Studio 管理界面

（3）在 Windows 上连接到 Linux 上的 SQL Server 服务器，如图 11-20 所示。

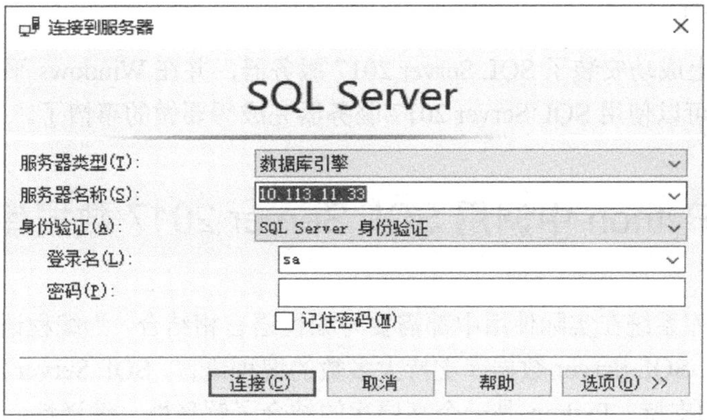

图 11-20　SQL Server 管理工具连接 Linux 上 SQL Server 服务器

注意：在连接 Linux 上的 SQL Server 服务器之前，若重启了 Linux 系统，需要确认 Linux 下的 sql-server 是否正常运行。在 Linux 系统上使用以下命令：

```
[root@localhost ~]# systemctl start mssql-server
[root@localhost ~]# firewall-cmd --zone=public --add-port=1433/tcp --permanent
[root@localhost ~]# # firewall-cmd --reload
```

```
[root@localhost ~] # systemctl start mssql-server
[root@localhost ~] # firewall-cmd --zone=public --add-port=1433/tcp --permanent
Warning: ALREADY_ENABLED: 1433:tcp
success
[root@localhost ~] # # firewall-cmd --reload
```

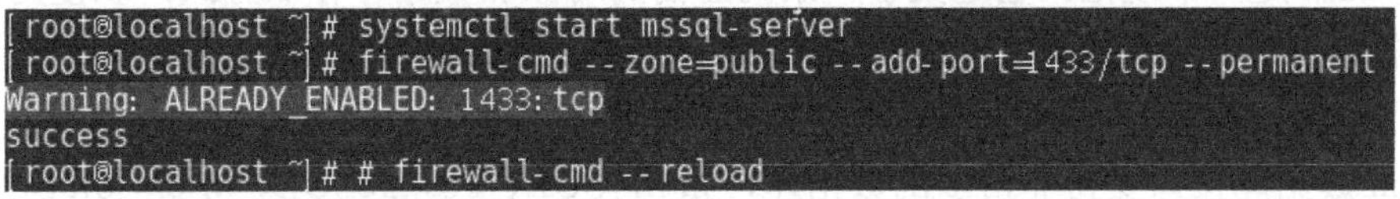

注意：此处 IP 地址为 Linux 系统的 IP 地址，SQL Server 的 sa 密码为在 Linux 下安装 SQL Server 过程中设置的密码（Allan123），如图 11-21 所示。

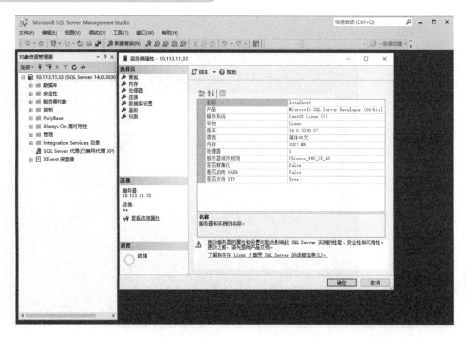

图 11-21　SQL Server 管理工具连接 Linux 上 SQL Server 服务器成功

11.2.4　项目小结

在 Linux 系统上成功安装了 SQL Server 2017 服务器，并在 Windows 平台上成功连接了该服务器，接下来就可以使用 SQL Server 2017 服务器完成想要做的事情了。

11.3　在 Python 中调用 SQL Server 2017 数据库

任何一种数据库系统在实际使用中都需要与编程语言相结合，为编程语言提供数据，实现对数据的处理操作。SQL Server 数据库支持大多数的编程语言，SQL Server 2017 还特别新增加了对 Python 语言的支持。Python 是一个高层次的结合了解释性、编译性、互动性和面向对象的脚本语言，广泛应用于网络爬虫、文本处理、科学计算、机器学习等领域。本节将以 Python 语言为例，学习在程序中使用 SQL Server 数据库，通过 Python 程序实现对数据库的增、删、改、查等各类常见操作。

1．Python DB-API

编程语言不能直接对数据库进行连接和操作，必须遵循相应的规则，通过对应的数据库驱动程序才能连接数据。在 Python 中，客户端连接访问数据库，需要满足 Python DB-API 标准。Python DB-API 是一个规范。它定义了一系列必需的对象和数据库存取方式，以便为各种各样的底层数据库系统和多种多样的数据库接口程序提供一致的访问接口，有助于开发人员编写跨数据库的可移植的 Python 应用程序。

Python 数据库接口支持非常多的数据库，如 MySQL、PostgreSQL、Microsoft SQL Server、Oracle、Sybase 等。不同的数据库需要下载不同的 DB-API 模块，如访问 Oracle 数据库和 MySQL 数据，则需要下载 Oracle 和 MySQL 数据库模块。

Python DB-API 为大多数的数据库实现了接口，使用它连接各数据库后，就可以用相同的方式操作各数据库。

Python DB-API 的使用流程如下：

（1）引入 API 模块。

（2）获取与数据库的连接。

（3）执行 SQL 语句和存储过程。

（4）关闭数据库连接。

2. Python SQL 数据库模块

Python（或其他编程语言）编写应用程序。这些程序需要引入一个与数据库进行交互的模块，然后用该模块来创建表、插入记录及获取符合条件的数据，最后程序代码才可以根据得到的结果进行数据的操作和处理。

Python 连接 SQL Server 数据库常用的模块有 pymssql 和 pyodbc。pymssql 是 Python 语言扩展模块，它提供了 Python 访问 SQL Server 的功能。pymssql 基于 _mssql 模块进行封装，符合 Python DB-API 2.0 规范。pyodbc 模块是用于 odbc 数据库（一种数据库通用接口标准）的连接，不限于连接 SQL Server，还包括 Oracle、MySQL、Access 等多种数据库。pymssql 和 pyodbc 两者均遵循 Python DB-API 2.0 规范，在连接数据库后，操作方式完全相同。下面以 pymssql 为例来进行 Python 对数据库的各类操作。

Python 使用 pymssql 模块来连接操作 SQL Server 数据库，需要先安装 pymssql。安装 pymssql 模块，可通过 Python 包管理工具 pip 安装。直接在命令行里输入命令：

```
pip  install  pymssql
```

还可以先下载 pymssql 的安装包文件（如 pymssql-2.1.3-cp36-cp36m-win32.whl），然后进入文件目录，通过 pip 安装。

```
pip  install  pymssql-2.1.3-cp36-cp36m-win32.whl
```

安装完成后，在命令行输入：pip show pymssql，查看是否安装成功，如图 11-22 所示。

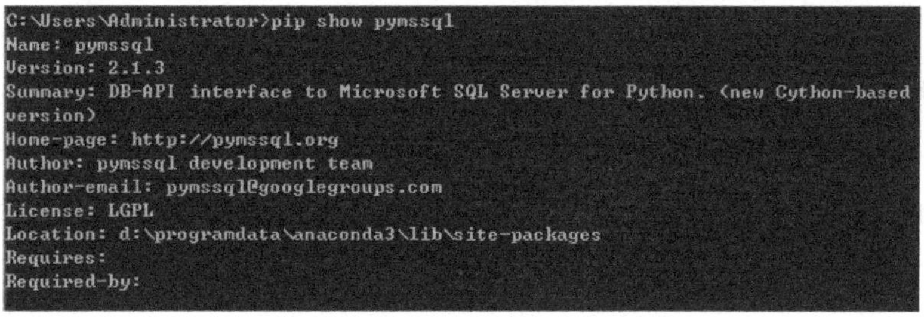

图 11-22 查看 pymssql 安装情况

3. 连接 SQL Server 数据库

1）Python 连接数据库前，需要确认下述事项

（1）准备测试用数据库。本节测试数据库将继续使用教材前面所用数据库 SYSDB。

（2）启用登录名。打开"对象资源管理器"，在"安全性—登录名"中选择超级用户"sa"（注：如创建新的登录名，需要为用户配置相应的访问权限），选择"SQL Server 身份验证"，输入密码（这里以"1"为例），如图 11-23 所示。

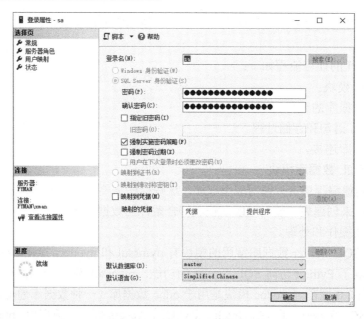

图 11-23　设置登录密码

在"状态"选择页，需启用登录名，并授予连接权限，如图 11-24 所示。

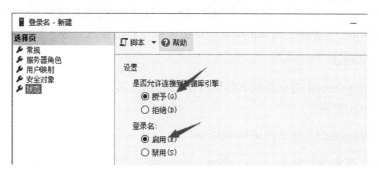

图 11-24　启用登录名

（3）修改服务器身份验证模式。打开"对象资源管理器"，进入"服务器属性"对话框，在"安全性"选择页中选择"SQL Server 和 Windows 身份验证模式（S）"单选按钮，如图 11-25 所示。

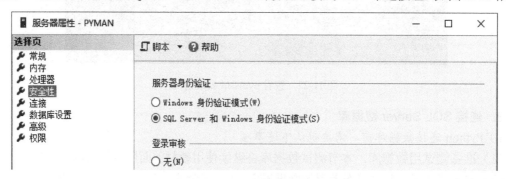

图 11-25　修改服务器身份验证模式

（4）开启网络端口。打开"SQL Server 配置管理器（本地）"，在"SQL Server 网络配置"

下选择"MSSQLEXPRESS 的协议"，右键单击"TCP/IP"，在弹出的快捷菜单中选择"属性"命令，弹出"TCP/IP 属性"对话框，将状态设置为"已启用"。选择"IP 地址"选项卡，设置"已启用"选项为"是"，"TCP 端口"设为"1433"，如图 11-26 所示。

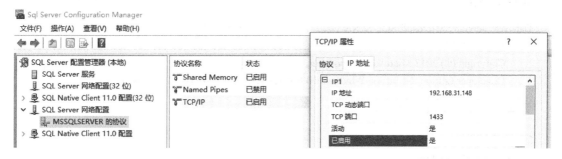

图 11-26　开启网络端口

（5）重启 SQL Server 数据库引擎。以上配置需要重启 SQL Server 服务才能生效。打开"SQL Server 配置管理器（本地）"，在"SQL Server 服务"选项中右键单击"SQL Server（MSSQLSERVER）"，在弹出的快捷菜单中选择"重新启动"命令，即可重启数据库引擎。

2）连接数据库

SQL Server 服务器环境搭建完成后，可以开始通过 Python 来连接数据库。首先，要在 Python 中引入 pymssql 模块。

>>> import pymssql

然后创建一个到数据库的连接：调用 pymssql 模块的 connect 方法，语法如下：

conn = pymssql.connect(server, user, password, database)

参数说明：

conn：变量名，保存与数据库的连接。

server：数据库服务器名称或 IP。

user：登录用户名。

password：用户密码。

database：连接目标数据库名称。

连接数据库的具体代码为：

>>> conn=pymssql.connect('localhost','sa','1','sysdb')

有了连接之后，还需要获取一个游标（cursor），用来记录当前在数据库中的位置。数据库 SQL 语句的执行基本都在游标上进行：

>>> cur=conn.cursor()

SQL 语句的执行都依赖 execute()方法。下面的语句可以查看数据库的版本信息：

>>> cur.execute('select @@VERSION;')

查询后的结果需要使用 fetchone()方法获取：

>>>result = cur.fetchone()

最后，通过 print 语句将结果显示出来：

```
>>>print ("Database version : %s " % result)
```

执行结果如下：

```
Database version : Microsoft SQL Server 2017 (RTM) - 14.0.1000.169 (X64)
        Aug 22 2017 17:04:49
        Copyright (C) 2017 Microsoft Corporation
        Developer Edition (64-bit) on Windows 10 Enterprise 10.0 <X64> (Build 16299: )
```

完成工作后，需关闭数据库连接：

```
>>>conn.close()
```

4. 数据库查询操作

Python 查询 SQL Server 使用 fetchone()方法获取单条数据，使用 fetchall()方法获取多条数据。

fetchone()：返回单个的元组，也就是一条记录（row），如果没有结果，则返回 None。示例如下：

```
cur.excute("select studentNo,studentName,studnetSex from tbStudents;")
rows = cur.fetchone()
```

程序执行得到一维元组：('100150412101', '韩凯丰', '男')，即单条记录，可以用 rows[0]、rows[1]、rows[2]分别访问元组元素。rows[0]即'100150412101'。

fetchall()：返回元组序列，即返回查询到的所有记录（rows），如果没有结果，则返回()。示例如下：

```
cur.excute("select top 3 studentNo,studentName,studnetSex from tbStudents;")
rows = cur.fetchall()
```

程序执行返回查询到的 3 条记录，组成元组序列：[('100150412101', '韩凯丰', '男')、('100160412101', '包晨阳', '男')、('100160412102', '陈承达', '男')]，可以用 rows[0]、rows[1]、rows[2]分别访问每一条记录。rows[0]即('100150412101', '韩凯丰', '男')。

【例 11-1】 查询 tbCourse 表中所有课程信息。

```
import pymssql
#建立数据库连接
conn=pymssql.connect('localhost','sa','1','sysdb')
#获取游标
cur=conn.cursor()
#执行 select 查询语句
cur.execute('select * from tbCourse;')
#获取一条查询结果
rows=cur.fetchone()
while rows:
    print(rows)
rows=cur.fetchone()
#关闭数据库连接
conn.close()
```

程序执行结果如下：

```
('060101400701', '计算机基础', 36, 3, 1, '100020010012', '090000100101')
('060101400702', '计算机网络', 60, 4, 2, '100020140050', '090000100101')
('060101400703', 'WEB 前端技术', 96, 6, 4, '100020080001', '090000100101')
```

若使用 fetchall()获取结果，则程序可改为：

```
import pymssql
conn=pymssql.connect('localhost','sa','1','sysdb')
cur=conn.cursor()
cur.execute('select * from tbCourse;')
rows=cur.fetchall()
for row in rows:
print(row)
conn.close()
```

5. 数据表的修改操作

如果 Python 语句需要对数据库的数据进行增、删、改等操作，则需通过 commit()方法进行提交，才能在数据库中实现改动操作。语法如下：

```
>>>conn.commit()
```

在编写 Python 程序操作 SQL Server 时，难免会出现一些错误或异常，导致程序终止。为保持数据的一致性，可采用 Python 的异常处理语句和数据库回滚（rollback）操作，语法如下：

```
try:
……
except:
conn.rollback()
```

程序首先执行 try 子句，如果没有异常发生，那么忽略 except 子句，try 子句执行后结束。如果在执行 try 子句的过程中发生了异常，那么 try 子句余下的部分将被忽略。执行 except 子句部分的数据回滚操作，使该语句中被修改的数据都能还原。

【例 11-2】 在课程表 tbCourse 中插入一门课程记录。

```
import pymssql
conn=pymssql.connect('localhost','sa','1','sysdb')
cur=conn.cursor()
#使用预处理语句插入数据
sql="""INSERT INTO tbCourse(courseNo,courseName,courseHour,
courseCredit,CourseTerm,teacherNo,professionNo)VALUES('060101400704','Python 编程基础',64,4,2,
'100020140050','09000100101')"""
try:
#执行 SQL 语句
cur.execute(sql)
#提交数据库执行
conn.commit()
except:
#如果发生错误，则回滚
```

```
conn.rollback()
#关闭数据库
conn.close()
```

【例 11-3】 更新课程表 tbCourse 的数据，将所有第二学期的课程学分加 1。

```
import pymssql
conn=pymssql.connect('localhost','sa','1','sysdb')
cur=conn.cursor()
#使用预处理语句更新数据
sql="""UPDATE tbCourse SET courseCredit = courseCredit+1 WHERE courseTerm =2"""
try:
#执行 sql 语句
cur.execute(sql)
#提交数据库执行
conn.commit()
except:
#如果发生错误则回滚
conn.rollback()
#关闭数据库
conn.close()
```

11.4 MSDN 及微软社区

11.4.1 背景

MSDN（Microsoft Developer Network）是微软公司面向软件开发者的一种信息服务。MSDN 实际上是一个以 Visual Studio 和 Windows 平台为核心整合的开发虚拟社区，包括技术文档、在线电子教程、网络虚拟实验室、微软产品下载（几乎全部的操作系统、服务器程序、应用程序和开发程序的正式版和测试版，还包括各种驱动程序开发包和软件开发包）、Blog、BBS、MSDN WebCast、与 CMP 合作的 MSDN 杂志等一系列服务。

开发者接触的最多关于 MSDN 的信息可能是来自 MSDN Library。MSDN Library 就是通常人们眼中的 MSDN，涵盖了微软全套可开发产品线的技术开发文档和科技文献（部分包括源代码），也包括过刊的 MSDN 杂志节选和部分经典书籍的节选章节。

微软社区是 IT 专业人员社区，提供了微软各个软件使用过程中所遇到问题的解决办法。通过社区，人们可以找到 SQL Server 的常见问题与解答，也可以在社区中提出疑问等待专业人员的解答。

11.4.2 需求分析

在学生信息管理系统整个开发及维护过程中经常会遇到一些问题。例如，如何加强数据库的完整性和安全性，如何在开发过程完成较复杂的数据处理，如何依托现有的工具来辅助开发人员维护数据库等。碰到这些问题，读者可以通过 MSDN 或微软社区来寻找答案。

11.4.3　XML 数据

在开发和管理学生信息管理系统时，经常会有如下类似的情况出现。

课程表 tbCourse 中存在专业和课程的对应关系，如图 11-27 所示；而开发人员想要得到另一种数据格式，如图 11-28 所示，即把多行数据合并成为一行显示。开发人员在微软社区的 SQL Server 板块发帖后得到简单回复："使用 XML！"。之后，开发人员通过 MSDN 找到了 XML 数据的详细解释。

<table>
<tr><td></td><td>professionNo</td><td>courseName</td></tr>
<tr><td>1</td><td>090000100101</td><td>计算机基础</td></tr>
<tr><td>2</td><td>090000100101</td><td>计算机网络</td></tr>
<tr><td>3</td><td>090000100101</td><td>WEB前端技术</td></tr>
</table>

图 11-27　课程表

<table>
<tr><td></td><td>professionNo</td><td>courseName</td></tr>
<tr><td>1</td><td>090000100101</td><td>计算机基础,计算机网络,WEB前端技术</td></tr>
</table>

图 11-28　结果图

SQL Server 提供了一个强大的平台，以针对半结构化数据管理开发功能丰富的应用程序。对 XML 的支持已集成到 SQL Server 的所有组件中，包括下面几项。

（1）XML 数据类型：可将 XML 值本机存储在根据 XML 架构集合类型化或保持非类型化的 XML 数据类型列中，可以对 XML 列创建索引。

（2）可以针对 XML 类型的列和变量中存储的 XML 数据指定 XQuery 查询。

（3）增强了 OPENROWSET 以允许大容量加载 XML 数据。

（4）FOR XML 子句：用于检索 XML 格式的关系数据。

（5）OPENXML 函数：用于检索关系格式的 XML 数据。

开发人员可利用 FOR XML PATH 语句把查询的数据生成 XML 数据，过程如下。

（1）在查询窗口中执行如下代码：

```
select professionNo,courseName from tbCourse FOR XML PATH
```

得到如下结果：

```
<row>
  <professionNo>090000100101</professionNo>
  <courseName>计算机基础</courseName>
</row>
<row>
  <professionNo>090000100101</professionNo>
  <courseName>计算机网络</courseName>
</row>
<row>
  <professionNo>090000100101</professionNo>
  <courseName>WEB 前端技术</courseName>
</row>
```

（2）修改 PATH 的参数：

```
select professionNo,courseName from tbCourse FOR XML PATH('node')
```

得到如下结果：

```
<node>
  <professionNo>090000100101</professionNo>
  <courseName>计算机基础</courseName>
</node>
<node>
  <professionNo>090000100101</professionNo>
  <courseName>计算机网络</courseName>
</node>
<node>
  <professionNo>090000100101</professionNo>
  <courseName>WEB 前端技术</courseName>
</node>
```

可以看到结点变成了 node，其实 PATH() 括号内的参数是控制结点名称的。把参数设置为空字符串：

```
select professionNo,courseName from tbCourse FOR XML PATH('')
```

得到如下结果：

```
<professionNo>090000100101</professionNo>
<courseName>计算机基础</courseName>
<professionNo>090000100101</professionNo>
<courseName>计算机网络</courseName>
<professionNo>090000100101</professionNo>
<courseName>WEB 前端技术</courseName>
```

通过上述方法就不显示上级结点了。

（3）修改字段名为空：

```
select CAST(professionNo AS varchar) + '',courseName + '' from tbCourse FOR XML PATH('')
```

得到如下结果：

```
090000100101 计算机基础 090000100101 计算机网络 090000100101WEB 前端技术
```

所有数据都生成一行，而且没有连接字符，这样的数据可能没有用处。通过修改，执行如下代码：

```
select CAST(professionNo AS varchar) + ',',courseName + ';' from tbCourse FOR XML PATH('')
```

得到如下结果：

```
090000100101,计算机基础;090000100101,计算机网络;090000100101,WEB 前端技术;
```

上述步骤说明，FOR XML PATH 语句可以任意组合字段数据。最终，开发人员通过使用 STUFF 函数及 FOR XML PATH 语句得到了想要的结果，代码如下：

```
select  professionNo,courseName=STUFF((select ','+ltrim(courseName) from tbCourse where professionNo=
t.professionNo for XML path('')),1,1,'')
  from tbCourse t
  group by professionNo
```

11.4.4　发布和订阅

在实际环境中，有时多个不同的管理系统需要相关数据保持一致。当开发完成学生管理系统后，或许会开发其他系统，如学生寝室管理系统，这就要求两个系统中的学生信息保持一致。

开发人员通过微软社区的 SQL Server 板块查询，获得了答案：发布和订阅。发布和订阅能使不同服务器上的相关数据表保持数据一致，即发布服务器上的数据表数据改变，订阅服务器上的相关数据表进行同步改变。

1. 发布

发布需要用实际的服务器名称，不能使用服务器的 IP 地址进行。能发布的信息包括表、存储过程、用户函数，如果使用 IP 地址，则会有错误。具体发布过程如下：

（1）找到数据库"服务器对象"→"复制"→"本地发布"，单击右键，在弹出的快捷菜单中选择"新建发布"命令，如图 11-29 所示。

图 11-29　新建发布

（2）弹出"新建发布向导"对话框，选择待发布的数据库，如图 11-30 所示。

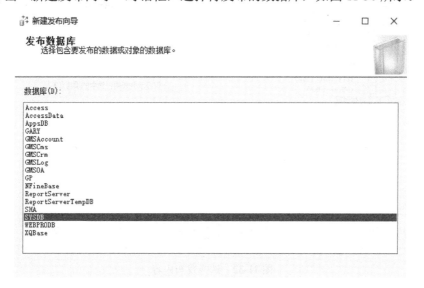

图 11-30　发布向导

（3）选择发布类型。这里选择默认类型"快照发布"。几种发布类型的区别，SQL Server 都在下面给出了说明，如图 11-31 所示。

图 11-31　发布类型

（4）选择待发布的数据表"tbStudent(dbo)"，如图 11-32 所示。

图 11-32　选择发布内容

（5）设置快照代理，如图 11-33 所示。

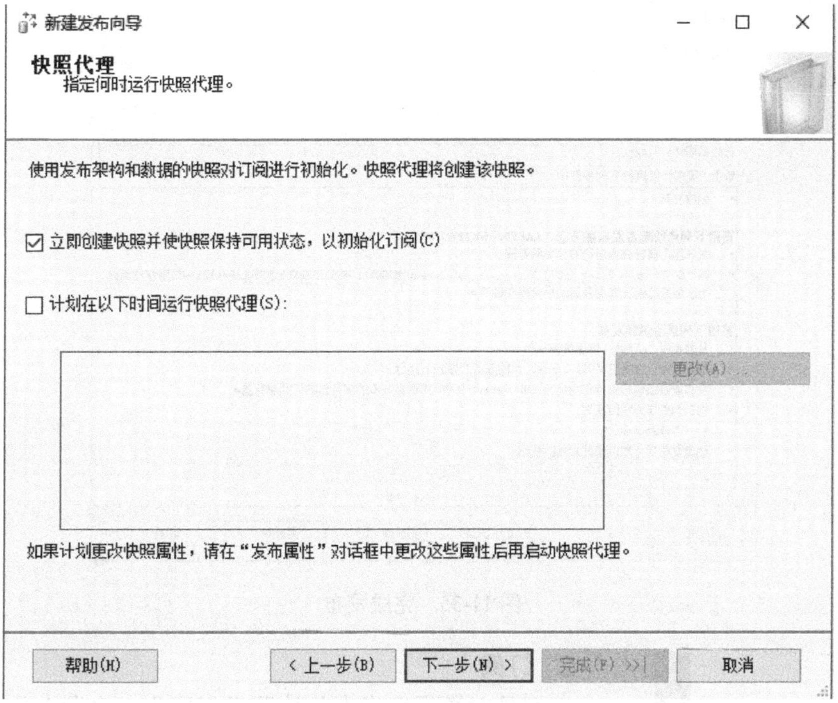

图 11-33 快照代理

（6）设置代理安全性，如图 11-34 所示。

图 11-34 设置代理安全性

（7）填写"发布名称"后完成发布，如图 11-35 所示。

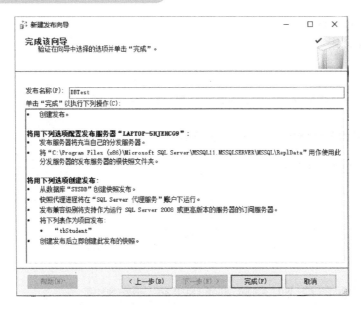

图 11-35　完成发布

图 11-36　新建订阅

2. 订阅

订阅是对数据库发布的快照进行同步，将发布的数据源数据同步到目标数据库。具体订阅过程如下：

（1）找到数据库"服务器对象"→"复制"→"本地订阅"，单击右键，在弹出的快捷菜单中选择"新建订阅"命令，如图 11-36 所示。

（2）弹出"新建订阅向导"对话框，选择订阅的发布，如图 11-37 所示。

（3）选择分发代理的位置，如图 11-38 所示。

图 11-37　选择订阅资源

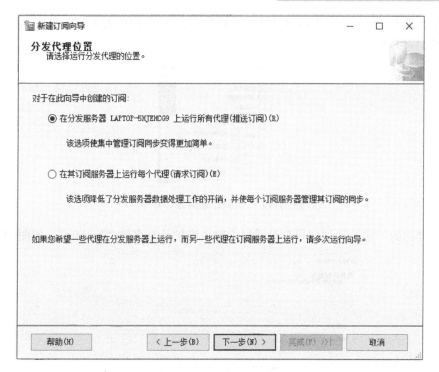

图 11-38 分发代理位置

（4）选择订阅服务器上存放同步过来的数据的一个或多个目标数据库，并设置分发代理的安全性，后续设置与发布流程基本相同，最终完成订阅。

完成上述步骤后，两个数据库中的 tbStudent 表能保持内容的一致性。

11.4.5 数据库自动备份

当学生信息管理系统处于使用阶段后，每天都会有数据变动，此时需要每天进行数据备份。开发人员通过 MSDN 找到了维护计划，如图 11-39 所示。

图 11-39 维护计划

通过维护计划可自动执行数据备份操作。具体步骤如下：

（1）在"管理"目录下右键单击"维护计划"，在弹出的快捷菜单中选择"维护计划向导"命令，如图 11-40 所示。

图 11-40 "维护计划向导"命令

（2）在弹出的"维护计划向导"对话框中输入维护计划名称"backup"，如图 11-41 所示。

图 11-41 计划名称设置

（3）单击"更改"按钮，设置维护计划执行频率为"每天"，如图 11-42 所示。

图 11-42 计划参数设置

（4）返回后单击"下一步"按钮，设置维护计划所执行的任务为"备份数据库（完整）"，如图11-43所示。

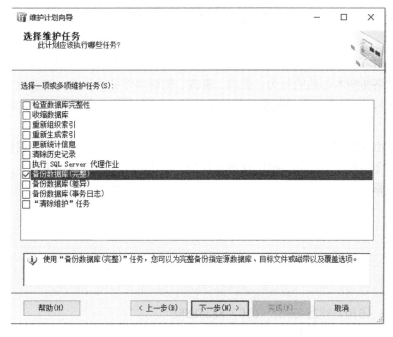

图11-43 计划任务设置

（5）单击"下一步"按钮，即完成维护计划的操作，如图11-44所示。

图11-44 备份数据库选择

完成上述操作后，开发人员或数据库管理员无须每天手动完成对数据库的备份操作，提高了管理效率，节省了维护时间。

反侵权盗版声明

电子工业出版社依法对本作品享有专有出版权。任何未经权利人书面许可，复制、销售或通过信息网络传播本作品的行为，歪曲、篡改、剽窃本作品的行为，均违反《中华人民共和国著作权法》，其行为人应承担相应的民事责任和行政责任，构成犯罪的，将被依法追究刑事责任。

为了维护市场秩序，保护权利人的合法权益，我社将依法查处和打击侵权盗版的单位和个人。欢迎社会各界人士积极举报侵权盗版行为，本社将奖励举报有功人员，并保证举报人的信息不被泄露。

举报电话：（010）88254396；（010）88258888

传　　真：（010）88254397

E-mail：　　dbqq@phei.com.cn

通信地址：北京市海淀区万寿路173信箱
　　　　　电子工业出版社总编办公室

邮　　编：100036